新农科视域下农业工程学科建设研究

梁秋艳　朱世伟　编著

U0189848

中国纺织出版社有限公司

图书在版编目（CIP）数据

新农科视域下农业工程学科建设研究／梁秋艳，朱
世伟编著. --北京：中国纺织出版社有限公司，
2021. 12

ISBN 978-7-5180-9237-6

Ⅰ. ①新… Ⅱ. ①梁… ②朱… Ⅲ. ①高等学校—农
业工程—学科建设—研究—中国 Ⅳ. ①S2-41

中国版本图书馆 CIP 数据核字（2021）第 272970 号

责任编辑：韩 婧 责任校对：高 涵 责任印制：储志伟

中国纺织出版社有限公司出版发行
地址：北京市朝阳区百子湾东里 A407 号楼 邮政编码：100124
销售电话：010— 67004422 传真：010— 87155801
http://www.c-textilep.com
中国纺织出版社天猫旗舰店
官方微博 http://weibo.com/2119887771
北京佳诚信缘彩印有限公司印刷 各地新华书店经销
2021 年 12 月第 1 版第 1 次印刷
开本：710×1000 1/16 印张：13.5
字数：229 千字 定价：88.00 元

凡购本书，如有缺页、倒页、脱页，由本社图书营销中心调换

前　言

　　随着我国科技的进步和学科的发展,农业工程技术得到较为快速的发展,同时农业工程技术也是实现农业科技现代化的重要手段,而其不断进步和发展又促进了农业工程学科的不断完善和补充。但受全球工业发展、智能化技术和生物基因技术的影响,农业工程学科也在慢慢发生重要的变化,这种变化是内因和外因综合产生的一种本质性的变革,这种变革来自学科的量变转换质变的累积效应,在原本基础上继承并发展创新,延伸出新的内涵。

　　本书通过调查和文献研究,利用高校人才培养环节对农业工程学科发展的问题分为四个维度并进行分析,着重对农业工程学科发展实际展开问题研究,进一步丰富学科发展研究内容体系和方法体系,探索高等院校农业工程类人才培养的问题,使人才培养的这一宽泛问题更具体、更深入。这不但以新的理论视角来研究农业工程学科发展,同时也丰富了关于高校人才培养问题的应用研究。

　　围绕新农科的内涵及特征,坚持专业建设和学科建设相辅相成,推进完整意义的新农科建设,坚持新农科、新工科、新文科建设的互相支撑、紧密融合,推进深层次的教育教学改革,坚持高校专业改革人才培养与产业行业的紧密融合。通过对专业人才需求、专业实践教学的改革与创新、专业实践教学创新模式进行分析来探索农业工程学科教学;以农业工程学科具体建设、农业工程学科人才培养模型构建、地方院校学科建设的实践案例为基础来探索农业工程学科建设路径;以高校师资结构中存在的问题、学院师资队伍建设的对策与途径、高等院校青年教师发展为理论基础完善师资队伍建设。

　　本书能为农业工程类学生增强专业认同感提供现实依据,提升其专业学习动力。同时为涉农高校促进人的全面发展的总目标提供培养路径,适应和引导农业现代化建设需要的人才。充分利用学科特色优势,加强农业工程学科内涵建设,促进农业工程专业交叉融合。培养学生具备坚定的理想信念、良好的人文素养、扎实的理学基础、宽广的全球视野和过硬的核心专业能力。

　　本书由佳木斯大学梁秋艳、朱世伟编著。第一章、第二章、第六章、第七章、第八章、第九章由梁秋艳编著,第三章、第四章、第五章由朱世伟编著,全书由梁秋艳统稿。本书承蒙黑龙江省高等教育教学改革项目,《"新农科"视域下农业工程学科建设研究——以佳木斯大学农业工程学科为例》(SJGY20190662)、国家第二批新工科研究与实践项目,《新工科背景下工科类人才创新创业能力培养的探索与实践》(E-CXCYYR20200921)与黑龙江省教育厅项目,《日光温室用聚光光伏/温差电热联供系统关键技术研究》(2018-KYYWF-0926)项目共同资助。编著者对参与支持本书的人员及主审,在此表示衷心感谢。

由于本书时间比较匆促,加之编著者水平能力有限,书中难免有纰漏和不完善之处,欢迎社会各界专业人士批评指正,并提出宝贵意见。

编者

2021 年 9 月

目　录

第一章 概论

第一节 研究背景

2013年《关于推进高等农业教育综合改革的若干意见》提出:"从高度重视高等农业教育发展、着力办好一批涉农专业等10个方面提出了若干具体举措,加快构建多层次、多类型、多样化的具有中国特色的高等农业教育人才培养体系。"2018年《高等学校乡村振兴科技创新行动计划(2018—2022年)》提出:"服务乡村振兴发展,完善乡村振兴人才培养模式,提升人才培养能力,加快培养不同类型农业人才,打造一支懂农业、爱农村、爱农民的乡村振兴人才队伍。"与此同时,高等农业院校积极响应"四个回归"和建设一批一流本科专业点的号召,更加重视学科专业结构的优化和学生的专业发展,立足于围绕学生专业学习来办教育。教师要提升专业发展能力,运用科学的思维和广阔的视野生动、深入的创新课堂教学,用真理感染、感召学生,激发学生内在学习动力和专业志趣,真正提高学生学习成效,做到专业理论知识内化于心、外化于行。为落实纲领文件,涉农高校纷纷制订以有学科优势的农业和林业为主要领域的卓越拔尖人才培养领跑计划,加强农科类学生专业学习和发展。加之新时代新农科的出现,高等涉农院校必须因势而新,加快实施"卓越农业人才"计划,破解自身发展与国家战略需求之间的矛盾,学科与专业发展之间不协调的矛盾。近年来,尽管我国高等农业院校人才培养取得一些实质性突破,但也面临一些挑战,如学生数量、质量等是否与社会产业需求相契合等。这些宏观问题从细微处分析,关键是学生专业发展问题,从生源输入到就业输出都面临不同程度的困境。因此,国家、高校和教师如何解决农科类学生专业发展的问题,培养符合国家和社会需要的人才是提高人才培养质量的重要环节。

第二节　研究目的和研究意义

一、研究目的

多年来,我国高等农业院校以农业人才培养为使命,秉持优良传统,立足"三农",在师资队伍建设、办学条件建设、教育教学信息化建设、人才培养等方面成效显著。在乡村振兴和新农科背景下,农业高校亦暴露出一些问题,限制了农业科技人才培养质量,阻碍了我国农业发展,这些问题主要包括:人才培养目标定位与社会发展的契合度问题、生源质量问题、课堂教学问题、学生实践创新能力培养问题、人才培养的国际化问题、基层农业科技人才供求矛盾问题、学生专业发展及学习动力问题、人才培养结构与产业结构协调问题。

基于对高等农业院校农业科技人才培养问题研究,本书的研究目的在于:选取学生专业发展及学习动力问题进行研究,准确分析和判断当前我国经济社会发展及农业经济与科技发展对高等农业院校人才培养的新变化新要求。一是分析农科类学生专业发展方面存在的问题:学生专业学习动力不足、专业认同度低、专业学情表现欠佳、就业契合度不高等。二是分析问题存在的原因:既包括社会观念轻农、农业产业效益低下对人才吸引力不足、农村生活条件艰苦等社会层面的原因,也有国家对农科教育政策支持不足等政府层面的原因,还包括高校专业课程设置不合理、教师对教学投入不足等高校和教师自身的原因。三是提出解决学生专业发展问题的对策和建议,为高校教育者解决学生专业发展问题提供参考性意见。

二、研究意义

1.理论意义

一是基于高校人才培养"生源输入、学习过程、就业输出"的逻辑,丰富学生专业发展研究。促进学生专业发展,提高人才培养质量是高校永恒的主题。目前对学生专业发展问题研究仍没有形成成熟的研究范式,如何理清学生专业发展的内涵,解析专业发展的影响因素仍是理论研究的难点。选题以涉农高校为例,通过调查研究和文献研究,利用高校人才培养环节对农业工程类学生专业发展的问题分为四个维度进行分析,进一步丰富专业发展研究内容体系和方法体系。

二是进一步探索高等农业院校农业工程类人才培养的问题研究。高等农业院校人才培养的问题包括人才培养目标定位与社会发展的契合度问题、生源质量问题、课堂教学问题、学生实践创新能力培养问题、人才培养的国际化问题、基层农业科技人才供求矛盾问题、学生专业发展及学习动力问题、人才培养结构与产业结构协调问题。本书着重对农业工程类学生专业发展实际问题展开研究，使人才培养的这一宽泛问题更具体、更深入。这不但是以新的理论视角来研究农业工程类学生专业发展，同时也丰富了关于高校人才培养问题的应用研究。

2. 现实意义

一是为农业工程类学生增强专业认同感提供现实依据，提升专业学习动力。本书中学生专业认同度和学情表现都涉及学生学习专业的兴趣和动力，和学生日常学习过程密切相关，借此发现影响专业认同度和学情方面出现问题的原因是由学生自身专业认知能力不足等内在因素，或者教师授课方式等外在因素引起，针对原因提出可行性建议，提高学生专业认识水平，激发农业工程类学生学习的内在积极性，引导其做好职业规划，最终内化为自我价值，实现由专业到职业的成功过渡。

二是为农业高校增强专业吸引力提供借鉴，提升学生报考专业的动力。农业高校培养人才的目的是能够为社会所用，但目前却出现学生专业发展和企业需求脱节的现象。为适应新时代企业需求，增强专业吸引力，新型专业更应该根据行业产业结构调整的需求，在旱区农业、生态文明、农业现代化及农业标准化等学科领域，建设一批生态环境建设、农业信息技术、营养健康等生态领域衍生出的专业增长点。新型专业能够吸引新时代学生的学习兴趣，一定程度上解决其学习动力不足等问题。

三是为涉农高校以促进人的全面发展为人才培养的总目标提供培养路径，适应和引导农业现代化建设需要的人才。充分利用学科特色优势，加强农业工程专业内涵建设，促进农业工程专业交叉融合。培养学生具备坚定的理想信念、良好的人文素养、扎实的理学基础、宽广的全球视野和过硬的核心专业能力。

第三节　国内外农业工程学科现状

一、国内农业工程学科现状

随着我国科技的进步和学科的发展，农业工程技术得到了较为快速的发展，同时农业工程技术也是实现农业科技现代化的重要手段,而其的不断进步和发展又促进了农业工程学科的不断完善和补充。目前我国的农业工程学科主要分布在农科院校中,少数综合性高校中也有设置,本专业的发展既受到国家政策和市场的影响,同时还与高校的学科发展规划相关。

农业工程学科是涉及农业科学领域三大分支中的一个重要组成,其涵盖的内容包括了农业机械化、农产品加工、农业水土工程等技术,其主要研究对象为农业生物。我国农业工程学科起源于20世纪50年代的农业机械工程专业,随着社会化大生产和科学发展,加快了农业工程学科的形成和发展。于1985年,国内高校纷纷成立农业工程系,其中包含有农业机械化工程、农业水土工程、农业生物环境与能源工程、农业电气化与自动化4个一级学科。在大多数农业院校中,生命科学、作物学等学科受到政策影响发展较好,已达到较高水平,而农业工程学科发展相对较为弱势,为后发展学科。

1. 国内农业工程学科发展历程

国内农业工程学科主要受到国外学科发展的影响,国外的农业工程学科大体分为两种模式:一种是欧美模式,主要是将发展目标从培养农业工程领域的复合型高级人才向农业和生物系统工程的方向进行发展,从而形成新的农业工程发展方向;另一种是以苏联为代表的农业工程模式,设立更为细化的专业分属不同的部门和研究机构,并未形成独立的农业工程学科,其发展方向为通用工程学科。我国的农业工程一级学科是20世纪末期设置的专业学科,这门学科主要设置在全国的农业院校中,也有少数设置在综合性高校中。在经济全球化和农业现代化的要求下,我国的农业工程学科得到了快速发展,其发展是基于欧美模式的同时结合我国的实际农业发展逐渐形成的专业学科。

在农业工程学科发展的过程中,本学科是基于工业现代化和农业生产简单的结合并进行发展最终形成的新的领域,但这种机械式的结合并未给学科的发展和进步带来过多的影响和发展,高校也通过本学科专业以培养现代农业工程师的目标来促进学科本身的进步,在整个过程中,该学科在发展迅猛的专业和实用性较强的专业中没有很大空间和地位,因此,在高校专业设置中,其定位也显得较为尴尬。

但受全球工业发展、智能化技术和生物基因技术的影响,农业工程学科也在慢慢发生重要的变化,这种变化是内因和外因综合产生的一种本质性的变革,这种变革来自学科的量变转换质变的累积效应,变现为在原本基础上继承并发展创新,延伸出新的内涵。学科变化的内因是全球经济和科技一体化促进社会本身的需求,进而影响了高校对学科的投入和关注。在我国经济快速发展的今天,农村劳动人口的城市化转移和大量农副产品的市场需求促进了农业现代化的发展,但国内从事农业领域生产的人口已严重不足,这种社会矛盾转嫁到学科的发展上来,从而推动农业工程学科的进一步延伸和发展。同时,由于农业工程学科本身是一个综合性较强的科学,在专业设置和人才培养过程中,需要加强对学科的基础教育和多学科综合知识的交叉学习,最终使得农业工程学科开始向农业和生物系统工程方向进行发展。

虽然农业工程学科已经迎来了对学科发展好的时机和平台,但学科专业的布局在全国高校中较为分散,并未形成一个系统的专业平台,同时在综合性高校中其发展更为受限。另一方面,农业院校中的农业工程学科受到生物技术发展的影响,其所提供和搭建的学科平台和教学条件均能给学科的发展提供很多的机遇,同时,这种发展也给农业工程学科带来了一定程度的挑战,学科的发展方向和目标能否给农业院校带来进一步的融合和创新,需要对学科内涵和定位进行深入研究和讨论。

2. 农业工程学科发展现状

随着科技革新和进步,全球农业生产环境和资源得到了最大限度的利用,同时也产生了巨大的社会问题,这种问题尤为突出地表现在对农业环境、资源的不断消耗中。美国早期的农村也经历了城市化发展所带来的问题,农村劳动人口的减少,农业生产已不能满足市场经济的需求,导致高校中农业工程专业的学生就业机会和学生数量锐减,造成学科的进一步萎缩和受限。当全球的生物技术和遗传学科的问题逐步变为研究热点问题,生物工程等相关专业均掀起了一股巨大的变革,这种变革也引发了农业工程学科的进步。因此,美国和加拿大等国家以此为契机,提出了将农业工程学科变化为生物农业工程方向。无论是生物农业工程还是生物系统工程,均基于前期的农业工程领域进行改革,其研究对象已经从农业领域扩大到生物系统领域,这种研究领域的变迁进而引发社会对农业工程学科建设和高校的专业建设的更大考验和要求。

众所周知,我国前期的农业工程领域主要是以农业机械化和现代化为发展方向和目标,其研究领域涵盖了工业工程中的机电工程知识、信息工程知识、管理科学等多种综合性学科知识,并基于以上基础逐渐发展成为农业领域的独立专业。而这门系统科学的形成是从定义、目标到内容、架构均专注于农业领域,发展至今逐渐关注到生物系统领域,形成一种更为宽泛和缜密的一个系统学科。因此,针对该专业的发展,其高校和学生也需有更高更严的学习要求和技术基础。

其一,我国农业工程学科主要定位于高等农业院校,学科的发展离不开市场和国家政策的引导,但由于农业工程学科的边缘性、特殊性和综合性,本专业学生在职场中未能得到广泛的关注,其需求量也不大,逐渐形成了农业院校中的工科专业,这也称为制约该专业发展的重要因素;其二,本学科所涵盖的内容广泛,知识综合程度高,除了工业工程领域知识外,还需对生态学、土壤学、作物学等农学知识都有一定基础,但受到就业市场的影响,高校的发展还需兼顾就业质量和各学科的平衡发展,并不能做到全面培养农业工程师的目标,难以对学科进行有效的整合和利用,形成系统的发展方向;其三,由于本专业仅仅局限于农业院校,在培养学生和引进人才过程中,出现了其他学科的人才进入该领域时,无法深入和全面地对学生进行教学培养,在融合过程中,出现了表面和机械式的组合,无法完成学科研究和发展的长期和有机结合;其四,农业工程学科所研究对象为农业生物,需长期在大自然的环境条件下进行研究和学习,农业领域的实际工作环境较为恶劣,受到工作环境和气候的影响,造成该学科的发展受到限制和影响,进一步限制了学科的深入和长期发展。

随着我国经济的快速崛起,城镇化进程加快,农村剩余劳动力的大量迁移使得农业发展进一步受到影响和限制,而大城市的发展也需要农业作为基础,正是这种矛盾加速了农业工程学科的发展,同时促进学科深入变革。全国的农科院校是农业工程学科的主要覆盖范围,面对国际农业工程学科的深入变革和国内其他科学的快速发展,农业工程学科在未来会面临着更大范围的冲击,而这种冲击也是促进本学科深入发展的机遇,这使得农业工程学科的完成向更为全面和完善的方向发展。

3. 农科院校中农业工程学科的发展和建设

国际农业工程学科已经与生物工程、基因技术等科学研究领域交叉和融合,从而延伸出更宽泛的学科领域,并逐渐形成具有内涵和基础的新兴学科。但国内农业工程学科在农业院校中的发展受到各方面的限制和影响,并未能在学科的发展中找到更合适的定位和研究方向,这也为学科的未来发展带来了一定的危机。

随着国内经济的持续发展、国际科学成果的共享、科学技术的日益成熟,我国农业工程学科的发展进入了一个新的阶段和时期,这个十字路口和关键时期,农业工程学科的发展将迎接更多的挑战和机遇,形成更成熟和优势的学科。因此,农业工程学科发展需从以下几个方面进行发展和建设,探寻到新的格局和模式,为我国农业工程学科的深入发展和变革带来活力和进步。

（1）结合农科院校的优势学科,形成一个相互促进的模式

协同发展中心农科院校创建农业工程学科形成和发展的土壤。该学科是一个综合性较强的学科,其涵盖了农业领域众多基础知识和其他学科的交叉,因此,学科的设置和发展需要以其他学科的综合性知识为基础,促进本学科的深入变革和融合发展;同时,应与学校的优势学科深度融合,形成一种具有特色和重点研究方向的专业,为学科的协同发展提供条件。

（2）持续投入资金支持,培育稳定的学科发展和研究方向

农业工程学科的发展是在工业学科、生物工程和基因技术等学科发展的基础之上,这种发展需要更多的研究人员、更高的技术要求和更大的物理空间,在借助农科院校的实验平台和硬件基础上,还要考虑农科院校中工科作为后发展学科的特殊性,故需要不断地定期投入,支持教师和科学人员为学科的发展开展探索性研究和教学,同时也对本专业学生的综合能力和市场化需求进行培养。

（3）重视农业工程学科人才的培养,采用外引和内培相结合的方向开展人才交流

由于农业工程学科在农科院校发展的局限性,引进人才的过程中,出现了人才流动和缺少专业人才的现象,这进一步制约了农科院校和农业工程专业的发展,这种恶性循环也使得农科院校在人才的引进和竞争中有点乏力。为了面对未来农业工程学科的发展,农科院校需建立一种重视本学科的人才机制和引进模式,引进和培养更为优秀的专业人员,同时,应结合本高校的优势学科,采取内培和外引结合的模式,培养更优秀的高校教师和研究人员。

（4）利用数字化技术和网络发展,建立农业工程的大数据

随着计算机技术和网络的发展,欧美等国外高校对农业工程学科的发展已经有一定的基础和探索性成果。与国外农业工程人员进行交流学习,利用互联网技术对学生开展探索性学习和技能的培养,建立农业工程的大数据,为农科高校的发展和学生综合数字的培养提供更先进的技术手段和平台基础。

二、国外农业工程学科现状

1. 以美国为代表的模式

美国自1907年起成立农业工程师学会,在国内各州立大学既设立机械、土木、化工、电力电子等工程系,又设立农业工程系,以培养处在土木工程与农业科学之间的、其工作领域与其他工程既无竞争又不重复、需要特殊训练的农业工程师;而在农业工程系下又设有农用动力与机具、农业建筑与环境、水土关系,电力

与加工等专业。除私人公司外,美国还在农业部设立主管农业工程的部门和各种有关农业工程的专业研究所。世界上许多发达国家及有关组织都采用了这种处理方法。

2. 以苏联为代表的模式

苏联设立了农业机械化、电气化、水利与土壤改良、农业机械设计制造、农业建筑、饲料工业等专业或专业学院及专业研究所。这些专业、学院及研究机构分属不同的政府部门管理,没有正式建立农业工程学科,也没有突出强调这些学科专业具有特殊的边缘学科的属性。结果这些专业的研究、训练、管理和投资方向自然就向传统通用工程学科倾斜。虽然苏联农业机械学派在一些基础理论分析方面达到国际最高水平,然而对农业的贡献却没有美国突出,主要是美国学派更多的是从农业的观点出发,将农业机械作为农业工程学科的一个分支来处理,而不是视作传统机械工程学科的一个分支。20世纪东欧诸国及我国受苏联模式的影响较大。

第四节　主要研究途径与方法

1. 文献法

文献研究法主要指搜集、鉴别、整理文献,并通过对文献的研究形成对事实的科学认识的方法。阅读大量相关文献,一方面可以提供创新的研究视角和研究思路,另一方面也为研究奠定了文献基础。一是查阅国内外文献,仔细研读并进行述评。二是收集相关资料和数据,部分农业高校2015—2017年《本科教学质量报告》《本科毕业生就业质量报告》《本科教学工作审核评估自评报告》《本科教学工作审核评估状态数据分析报告》《本科毕业生学习经历满意度调查报告》。搜集已有数据为本研究学生生源和就业两部分提供论据,准确把握农科类学生生源和就业情况。

2. 访谈法

访谈法是指通过访员和受访人面对面地交谈来了解受访人的心理和行为的基本研究方法。根据访谈进程的标准化程度,可将它分为结构型访谈和非结构型访谈。为全面了解学生专业发展现状,本书设计访谈提纲,访谈对象主要是调研5所农业高校教学管理者和教师。主要询问学生录取、转专业、专业学习动机、学习状态、就业取向等情况。

第二章 新农科的历史演进

第一节 农业技术的演进过程

一、世界高等农业教育发展的三次传统

世界高等农业教育可分为创立期、兴盛期和重构期,分别对应技术观、科学观和系统观传统(表2-1)。中世纪大学具有强烈的宗教色彩,以神学、法学、医学和人文四科为主。文艺复兴、宗教改革和科学革命促进了欧洲大学从神性走向理性;启蒙运动和产业革命促进了大学的世俗化、现代性和多样性,也产生了高等农业教育;美国赠地学院运动使农业学科进入传统大学殿堂,并在"技术科学化"和"学院大学化"中获得新发展;可持续发展理念与经济全球化促进了世界高等农业教育系统的重构。

表 2-1 世界高等农业教育发展的三次传统

阶段	时期	区域	特征	传统	科技基础	社会基础
创立期	18世纪中后期至19世纪中期	欧洲	单科性小学院教学型	技术观	种植养殖技术形态结构研究物种分类获得性遗传	科学革命启蒙运动第一次产业革命
兴盛期	19世纪后期至20世纪中期	美国	多科性大学化研究型	科学观	细胞学说植物营养学说生物进化论遗传学说作物起源中心学说	第二次产业革命技术的科学化高等教育政治论哲学
重构期	20世纪70年代以来	世界	综合性合作性创业型	系统观	生物技术信息技术系统科学	第三次产业革命可持续发展经济全球化

1. 第一次产业革命催生了欧洲农业专门学院

欧洲一系列社会变革,成为高等农业教育机构产生的重要前提。文艺复兴

和宗教改革两次思想解放运动,使中世纪大学受到了重创,世俗政府及资产阶级对受过优良训练人才的需求得不到有效供给,创办新型教育机构便成为时代的需要。

(1)欧洲思想解放运动

14—16世纪文艺复兴,是一场复兴古希腊罗马文化形式、反映新兴资产阶级要求的思想文化运动。由教会控制的中世纪大学被斥为落后的脱离现实的机构,最终经院哲学(Scholasticism)被赶出了大学。

16世纪初爆发于德国的宗教改革是对独揽文化和教育大权的教会的全面攻击,导致了整个教育制度的巨大动荡。这种动荡对大学的打击是毁灭性的,学生人数急剧下降,很多大学被迫关闭,引发了以哈勒大学和哥廷根大学为代表的德国大学改革运动。

17世纪科学革命导致了科学知识体系的根本变革。"马克思主义者把科学革命看作是从封建秩序向资本主义秩序转变的一个必要条件""科学的巨大成功和科学思想本身意味着科学已遍布正发生巨大变化的社会的许多角落,意味着科学已深入到受过优良教育、享有更多闲暇、少受宗教干扰和较以前更注重实际的民众之中"。

(2)欧洲农业专门学院

18世纪欧洲启蒙运动有力地批判了封建专制主义、宗教愚昧及特权主义,宣传了自由、民主和平等的思想。18世纪后期第一次产业革命使资本主义生产完成了从工场手工业向机器大工业的过渡,对科学技术和专业人才提出了新需求。"人们认为,(旧)大学不适合实现启蒙运动的雄心壮志。很明显从某些新的公共机构的建立来看,创办专门化的培训机构,如医学、农业技术、军事战术和战略、工程学、财政学、美术和自然科学,似乎更好。""其结果是许多专门学院的建立,如农业专门学院"。

在启蒙运动和产业革命推动下,欧洲产生了早期的农业教育机构(表2-2)。兽医在欧洲是医学分支,比农学院起源早,因其与畜牧业的关系,亦具农科特征。"这一门学科(兽医)在1750年之前在任何地方都找不到专门的教育机构。传统上走在医学发展前列的维也纳大学从1773年开始开设这门课程"。当产业革命发生时,"以牛津、剑桥为代表的传统英式大学拒绝'降低门户'来开展技术教育、培养科技管理人才。而传统的师徒制已远远不能满足经济社会发展的需求,必须有一种教育机构承载英国经济社会对技术型、应用型人才的需求,'新大学'自然就应运而生了"。

表2-2 欧洲代表性的早期农业教育机构

创建	国家	机构名称	备注
1775	瑞典	斯卡拉兽医研究所 Veterinary Institute of Skara	1977年与林学院、农学院合并成立瑞典农业科学大学（Swedish U. of Agri. Sciences）
1778	德国	汉诺威兽医学院 Ti Ho Hannover	原名鲁斯安奇奈尔学校，1887年改为国王王署兽医学院。19世纪德国七大技术学院之一
1791	英国	皇家兽医学院 Royal Veterinary College	英国最早的兽医教育机构，现隶属于伦敦大学
1817	比利时	根特大学 Ghent University	兽医、农学具有较强实力。2017年US News全球最佳农业科学大学排名第六
1826	法国	国立农艺学校 INA_PG	2007年与国立林业、水和环境学校（ENGREF）和国立高等农业与食品工业学院（ENSIA）合并成立"巴黎高科农学院"（Agro Paris Tech）
1843	英国	洛桑试验站 Rothamsted Experimental Station	世界最早的农业研究机构，现名洛桑研究所（Rothamsted Research）。招收研究生与留学生，学位由合作大学授予
1845	英国	皇家农学院 Royal Agricultural College	英国新大学运动的产物，是英语为母语国家第一所农学院
1858	丹麦	皇家兽医与农业学院 Royal Veterinary and Agricultural College	2007年并入哥本哈根大学。2017年US News全球最佳农业科学大学排名第十
1865	俄罗斯	彼得罗夫农业学院 Petrovskaya Agricultural Academy	1889年彼得罗夫农学院，1894年莫斯科农学院，1923年莫斯科季米里亚捷夫农学院
1876	荷兰	国立农业学院 Nationai Agricultural College	1918年瓦赫宁根农学院，1986年瓦赫宁农业大学，1997年与荷兰农科院合并，现名瓦赫宁根大学与研究中心（WUR）。2017年US News全球最佳农业科学大学排名第一

欧洲早期农业教育机构是建立在"技术观"传统上的单科性专门学院，其目的是培养专门技术人才。此时，近代科学革命在哲学积累基础上，正从数学、天文学向物理学、化学领域延伸，支撑农业科学的生物学还不成熟。农业还处于种植养殖技术阶段，以林奈（Linné）动植物分类及其继承人拉马克（Lamarck）获得性遗传为基础，还没有获得与其他学科同等的地位。

2. 第二次产业革命促进了美国农学院大学化

（1）科学研究职能与学术体制建立

18世纪末至19世纪初，欧洲形成了新的学术体制，标志性事件是柏林大学的创办和哲学博士的制度化。"研究性大学的起源根植于政府与市场所导致的学术行为方式的变迁。德国的政府官员和市场代言人共同致力于对在其看来处于蒙昧状态的学术体制实施改革和现代化"。哥廷根大学1742年设立了科学学会。1810年柏林大学创办后,"洪堡原则"使科学研究成为大学继教学之后的第二职能,并从科学家的个人兴趣上升为一项重要的社会事业,使大学实现了第一次边界扩展。

经过两个半世纪斗争,"一个新的学位,哲学博士,1789年之后开始在德国各邦传播开来……渐渐传遍欧洲,传到美洲,最后传遍世界。这个在中世纪闻所未闻、在近代早期大部分时间内饱受争议的事物,将以学术世界的日耳曼征服者和新知识英雄的形象进入现代社会"。柏林大学成立时便设立哲学博士,校长施莱尔马赫(Schleier macher)认为,"哲学博士表达了该科系和所有知识的整体统一性。"

通过学位论文、答辩、相关礼仪及研讨班(Seminar)、研究所等被韦伯称为学术卡里斯玛(Charisma)中培养的哲学博士,"在处理学术知识的过程中,表现出个性、特殊性、原创性和创造力,促进了学术事业的繁荣"。

(2)美国赠地农学院的建构与大学化

美国是世界高等教育也是高等农业教育的集大成者。始发于德国的第二次产业革命,逐步扩展到欧洲、美国和日本。南北战争后至"二战"结束,是美国实现工业化、现代化并成为世界头号经济强国的重要时期。其高等教育在继承了英国古典自由教育基础上(如常春藤联盟高校),吸收了法国国民教育思想(如创办公立教育机构)和德国研究型大学经验(如约翰霍普金斯大学的创办),结合了美国的实用主义哲学(Pragmatism),逐步建立了美国特色的高等教育体系。

美国建国前后,鉴于学院象征着社区的尊严和文明的标志等原因,各地积极筹建了500多所小型学院,主要是包括农业在内的专科学校。农业教育里程碑式的发展始于林肯时代的公立赠地学院。赠地学院实现了教学、研究和社会服务的有机统一,使大学继"洪堡原则"后实现了第二次边界扩展。农业服务体系与农业现代化建设相互交织地成长,促进了赠地农学院的空前发展,并在哲学、制度和实践层面形成一整套支持其建构的基础。

在哲学层面,爱默生(Emerson)的美国本土意识与杜威(Dewey)的实用主义哲学,促进了高等教育"政治论"哲学的形成,是大学第三职能的哲学基础。1837年,爱默生在哈佛大学优等生联谊会上发表了题为《美国学者》的演讲,提醒美国青年,今后不是要成为在美国的德国学者、英国学者,要成为立足于美国生活的美国学者。实用主义哲学兴起于19世纪末,主要依据是达尔文主义,所表达的权宜功用、自由民主、个人主义、人道主义、乐观主义和冒险精神,强调大学为美国和美国人民服务,成为美国民族特征的反映。

在制度层面,莫里尔法案(MorrillAct1862)构建了公立农学院体系,哈奇法案(HatchAct1887)构建了由农学院托管的农业试验站体系,史密斯—利弗法案(Smith-LeverAct1914)构建了农学院与地方政府合作的农业推广体系,在传统的教学、纯粹的学术研究与社会现实需求之间架起了桥梁,形成了教学、科研与推广"三位一体"的农学院办学模式。据美国农业部 2009 年统计,美国共有 109 所具"赠地身份"的院校,其中"1862 机构"57 所"1890 机构"18 所和"1994 机构"(土著居民学院)34 所。

在实践层面,康奈尔计划(Cornell Plan)、威斯康星思想(Wisconsin Idea)与加利福尼亚思想(California Idea)促进了大学的结构性改革。1868 年,康奈尔大学首任校长怀特(Andrew White)提出:大学应促成文雅教育与实际研究建立密切联系,应适应美国人民和现时代的需要。他为农学、机械学、工程学、矿产学和医学等应用学科设计了各种不同的学位课程;他也设计了通识性的学位课程,有的包括古典教育,有的则不包括。1904 年范海斯(Van Hise)出任威斯康星大学校长,根据该校推广维生素专利促进全州畜牧业发展的经验,强调大学应与州政府密切合作,积极发展知识和技术的推广应用事业,形成了威斯康星思想,标志着"社会服务"作为大学第三职能的正式形成。1960 年加州大学总校长科尔(Clark Kerr)领导制订的"加利福尼亚高等教育总体规划",将该州高等教育分为三级,即社区学院、州立大学和多校区研究型大学,构成了连贯的体系。

19 世纪以来生物学的快速发展,促进了"农业技术的科学化",如施莱登(Schleiden)细胞学说(1838 年)、李比希(Liebig)植物营养学说(1840 年)、达尔文(Darwin)生物进化论(1859 年)、孟德尔(Mendel)遗传学说(1865 年)、瓦维洛夫(Vavilov)作物起源中心学说(1926 年)和摩尔根(Morgan)细胞遗传理论(1928 年)等。至 1900 年美国大学联合会(AAU)成立时,标准的农业科学体系已经初步建立,包括土壤学、农学、植物病理学、园艺学、畜牧学、兽医学等自然科学,也包括农业经济学等社会科学。"大学转型时期,美国的工业化进展十分顺利。工业化影响了美国农业的发展,新型农业机械的发明不仅增加了农产量,而且扩大了农产品的出口量"。

现代化建设需要高等教育提升自然科学、农业、机械和工业等研究领域的价值,推崇以研究和知识探究为最终目的的活动,并积极参与社区服务。这就必须改变殖民地时期沿袭下来的观念,将新型学院转变为大学。"学院大学化"理念可以追溯到那些受到德国高等教育影响的人们身上。吉尔曼(Daniel Gilman)、怀特和艾略特(Charles Eliot)等校长,对霍普金斯、康奈尔、哈佛等大学的建立与转型发挥了重要作用。康奈尔大学将私立大学卓越性与公立大学公益性结合，是美国第一所具综合性大学特征的大学；最早将农业科学引入大学殿堂，成为世界农业学科引领者。其他大学紧随其后，很多老式学院也都通过增设研究生院和专业学院，强化大学的研究、教学和公共服务职能，进而转变成为大学。在"学院大学化"运动中，美国赠地农学院于20世纪中前期逐步更名为大学(表2-3)，并走出了一条从农学院到州立大学、研究型大学和世界一流大学的发展道路。在2011年ARWU榜中，世界前500强大学中美国大学151所，其中56所是赠地学院(占37%)，且全部是"1862机构"，为美国的世界一流大学建设做出了重要贡献。

表2-3　美国代表性赠地农学院(1862机构)的"大学化"

建校	建校时的机构名称	改名	"大学化"后的机构名称
1855	A C of the State of Michigan	1964	Michigan State U
1855	Farmers' High School of Pennsylvania	1953	Pennsylvania State U
1856	Maryland A C	1920	U of Maryland—College Park
1858	Iowa A C and Model Farm	1959	Iowa State U
1863	Kansas State A C	1959	Kansas State U
1863	Massachusetts A C	1974	U of Massachusetts Amherst
1864	Vermont A C	1865	U of Vermon
1865	A and MC of Kentucky	1916	U of Kentucky
1865	Maine State C of A and M	1897	U of Maine
1867	A C of West Virginia	1868	West Virginia U
1868	U of California / C of A and M(1905)	1952	UC System / UC—Davis(1959)
1868	Corvallis State A C	1961	Oregon State U
1870	Colorado A C	1957	Colorado State U
1871	The A and MC of Texas	1963	Texas A and M U
1872	Virginia A and MC	1970	Virginia Polytechnic Institute and State U
1878	A and MC of the State of Mississippi	1958	Mississippi State U
1887	Storrs A School	1939	U of Connecticut
1887	Dakota A C	1964	South Dakota State U
1884	Florida A C	1903	U of Florida
1887	North Carolina C of A and M Arts	1962	North Carolina State U
1888	A C of Utah	1957	Utah State U

建校	建校时的机构名称	改名	"大学化"后的机构名称
1889	Clemson A C of South Carolina	1964	Clemson U
1890	North Dakota A C	1960	North Dakota State U
1890	Oklahoma Territorial A and MC	1957	Oklahoma State U of A and Applied Sciences
1890	Washington A C and School of Science	1959	Washington State U

3. 第三次产业革命重构了世界高等农业教育

（1）可持续发展理念的形成

"二战"结束后,全球经济进入高速增长期,科学技术突飞猛进,绿色革命提高了粮食供给能力,但也带来了人口高速增长。在过去200年工业化进程中,人类美化了地球,也损坏了地球。由于过分追求工业化和经济增长,一场引发"人类困境"的思考正悄然而至,其中最有影响的是两本著作。第一本是美国科普作家蕾切尔·卡森（Rachel Carson）1962年出版的《寂静的春天》,首次揭露了美国农业、商业界为追逐利润而滥用农药的事实,对美国不分青红皂白地滥用杀虫剂而造成生物及人体受害情况进行了抨击,使人们认识到农药污染严重性。第二本是罗马俱乐部委托麻省理工学院梅多斯（Meadows）1972年出版的《增长的极限》,用经济、人口、粮食、资源和环境五大要素构建的"世界末日模型",第一次向人们展示了在一个有限星球上无止境地追求增长所带来的后果。作为"悲观主义"典型代表,该书引发了一场全球范围关于世界未来的争论,把人类视野扩大到全球范围,成为"可持续发展理念"有力推动者,产生了联合国体系与国际组织的一系列纲领性文件,如《人类环境宣言》（1972）、《世界自然保护大纲》（1980）、《我们共同的未来》（1987）和《21世纪议程》（1992）等。

由近代科学革命形成的以牛顿、笛卡尔为代表的分析范式（Paradigm）,20世纪中后期,正受到系统论和耗散结构理论等形成的系统范式的挑战,人们的思维方式从线性的、机械的、还原的和孤立的转向非线性的、有机的、不可逆和开放的系统。系统科学为思考人类可持续发展等"复杂问题"提供了基本思维方式。

（2）现代高等农业教育系统重构

以1953年DNA双螺旋结构的发现为标志,生命科学跨入分子时代,生物工程成为新兴学科。20世纪70年代后,原子能、电子计算机、空间技术和生物工程的发明和应用,成为推动第三次产业革命的重要力量。

20世纪60年代后发生的绿色革命,是继19世纪末机械革命、20世纪初化学革命和 20 世纪前半叶杂交育种革命后的第四次农业革命,大幅提高了粮食生产能力,如中国的杂交水稻。第一次绿色革命发生在人类社会主流已经进入工业经济时代,带来过量使用灌溉用水和化肥、除草剂等化学物质,造成了环境负面效应。第二次绿色革命面临的是信息经济时代和生物经济成长阶段,强调开发应用高产、环境友好的绿色技术,倡导绿色消费方式,在实现食品增长的同时注重环境可持续发展。在生物经济时代,农业的功能除满足人们温饱条件、为工业增值提供原材料外,还将体现在增进人类健康、提高营养品质与环境可持续发展。

19 世纪初以来,通识教育在美国大学逐步从争议走向盛行,产生了两次通识教育运动,其经典文献有《1828 耶鲁报告》《康奈尔计划》《名著教育计划》《哈佛红皮书》等。农业教育已从沿用早期的"专业教育"模式,转向积极吸纳"通识教育"的理念,适应经济社会发展和高等教育大众化的需要。美国赠地农学院"大学化"后的机构形态,为开展有效的通识教育奠定了知识和思维基础。农业教育与通识教育之间的冲突与对话(表 2-4),既是农业文明与工业文明的对话,也是人与自然的新对话。

表 2-4 1828 耶鲁报告后的农业教育与通识教育的冲突与对话

时间	焦点	原因	结果
1828 年	耶鲁报告	美国建国后,各州积极筹建包括农业在内的新型学院,专业教育对古典教育形成了冲击	1828 年耶鲁大学戴校长为捍卫古典教育,制订《1828 耶鲁报告》。1829 年,Packard 提出通识教育一词
1868 年	康奈尔计划	1862 年莫里尔法案促进了农业教育,康奈尔大学接受了该法案,回应了通专教育之争	1868 年怀特校长提出康奈尔计划,适应时代需要,将古典与应用学科结合,农业科学进入大学殿堂
1904 年	威斯康星思想	1904 年范海斯就任威斯康星大学校长后,根据农业推广经验,强调大学与州政府合作	威斯康星思想从公立大学公共投资公法性与制度主义角度,促进大学第三职能(社会服务)正式形成
1962 年	寂静的春天	"二战"后,工业化加速,农业上大量使用化学物质造成严重环境污染,引发人类困境的思考	1962 年卡森《寂静的春天》及 1972 年罗马俱乐部《增长的极限》,促进了全球行动并形成可持续发展理念
21 世纪	经济全球化	经济全球化使农业从局部小市场走向全球大市场,要重视粮食安全与国家安全的关系	在系统科学、可持续发展、生物技术和信息技术影响下,农业成为影响"全球人类生存与健康"的绿色产业

在可持续发展理念和学科综合化趋势影响下,越来越多的核心"赠地学院"大学做出了战略调整,一个明显的变化是学院名称。在 1862 机构成立 100 年后,所有农学院仍然保持着成立时的称呼,一部分是农学院,另一部分是农业与家庭

经济学院。但在新世纪初,仅有不到 1/5 的学院还保持着这些名字(表 2-5)。

表 2-5　美国 1862 赠地院校相关学院名称的变化(%)

学院名称	1962	1974	1988	1993	2007
农业	86	64	58	45	15
农业与家庭经济	14	8	8	7	1
农业与自然资源		6	8	13	15
农业与生命科学		14	14	15	16
农业与环境		4	2	4	4
院名中没有"农业"		2	6	9	49
其他		2	4	7	3

　　这个调整中,最流行的是"农业与生命科学学院",反映了对基础科学的关注;其次是农业与"自然资源"和"环境"的结合,反映了可持续发展理念和系统思维。这次重构,可以说是世界性的,一方面,世界主要国家的高等农业教育都朝着综合交叉方向发展,除中国外,直接叫"农业大学"名称的机构越来越少。另一方面,世界一流大学普遍重视农业、生物与环境学科,如浙江大学合并后成立了农业生物环境学部,将"NTU-Ranking 农业"和"QS 农业"置于"ARWU 前 100 名大学"中进行分布密度测量,我们发现:排名前 100 的世界一流大学中 60%具有世界一流的农业学科。

　　20 世纪末,在知识经济浪潮中,高等教育领域出现了学术资本主义(Academic Capitalism)概念,并形成一种新的大学形态——创业型大学(Entrepreneurial University),伯顿·克拉克(Burton Clark)将其描述为具有积极进取、富有创业精神的大学。埃茨科威兹(Henry Etzkowitz)认为,创业型大学是"大学—产业—政府"关系"三螺旋"(Triple Helix)发展的生产力,具有知识资本化、相互依存性、相对独立性、混合形成性和自我反应性五个标准。如威斯康星大学麦迪逊(UW-Madison)以校友研究基金会(WARF)为纽带,构建了"收集大学研究成果—申请与销售专利—捐赠大学研究—产生新的成果"的闭环系统,有效链接了大学与市场。瓦赫宁根大学(WUR)组建了农业技术与食品科学、植物科学、动物科学、环境科学、社会科学五个学部群(Group),鼓励自然科学与社会科学的跨学科合作,推进教育、科研、市场和政策的联合创新。

二、中国高等农业教育发展的三个时期

　　洋务运动提倡的"中体西用",成为晚清教育改革的指导思想。1862 年创办

的京师同文馆,是中国最早的新式学堂。1898 年批准了最早由国家开办的新式学堂——京师大学堂。1902 年制定的《钦定学堂章程》,包括从小学到大学的各级章程。中国近现代高等农业教育大体分为三个时期:综合化时期、专门化时期和多样化时期。

1. 综合化时期(晚清至民国教育体制)

《钦定学堂章程》颁布后,清政府相继停书院(1902)、废科举(1905),放弃了中国传统的教育体制。1912—1913 年,民国政府颁布了《大学校令》《师范教育令》和《实业教育令》等法规。1922 年,蔡元培发表《教育独立议》,掀起收回教会学校教育权运动。国民党北伐成功后,1928 年颁布了"戊辰学制",试行了大学院和大学区制。1929 年《中华民国教育宗旨及其实施方针》规定了大学的教育目标;将大专院校分为国立、省立、市立和私立四种;大学分科改为学院,分设文、理、法、农、工、商、医各学院,并增设教育学院。以后,民国政府陆续颁布了一些法规,如 1934 年《大学组织法》和《大学研究院暂行组织规程》,1935 年《学位授予法》和《硕士学位考试细则》,1940 年《博士学位评定会组织条例》(实际并未授予),1946 年《大学研究所暂行组织规程》等。

中国近代高等农业教育始于 19 世纪末,晚清至民国创办的农业教育机构主要有三类:一是政府创办的农务学堂和综合性大学农学院;二是外国传教士创办的教会大学农学院;三是实业家创办的地方农业学校(表 2-6)。1930 年后,高等农业教育主要是在综合性大学农学院体制下进行的。1949 年,全国独立的高等农业学校 20 所、综合性大学农学院 23 所,多数分布于沿海地区,内地较少。

表 2-6　中国代表性农业院校主要创办源与历史演变

机构名称(现)	主要创办源	1952 年全国院系调整后名称	改名为大学的时间	备注
华中农业大学	1898 湖北农务学堂 1936 武汉大学农学院	华中农学院	1985	
南京农业大学	1902 三江师范学堂 1914 金陵大学农科	南京农学院	1984	
北京林业大学	1902 京师大学堂林学目	北京林 1985 学院	1985	
中国农业大学	1905 京师大学堂农科大学 1952 北京农业机械化学院	北京农业大学	1952 1985	1995 年合并
浙江大学农业生物环境学部	1910 浙江农业教员养成所	浙江农学院	1960	1960 年浙江农业大学 1998 年并入浙江大学
西北农业科技大学	1934 西北农林专科学校	西北农学院	1985	1999 年合并

续表

机构名称(现)	主要创办源	1952年全国院系调整后名称	改名为大学的时间	备注
东北林业大学	浙江大学森林系 东北农学院森林系	东北林学院	1985	
河北农业大学	1902 直隶农务学堂	河北农学院	1958	1988年合并
河南农业大学	1902 河南大学堂	河南农学院	1984	
湖南农业大学	1903 修业学堂 湖南大学农学院	湖南农学院	1994	
江西农业大学	1905 江西高等实业学堂	江西农学院	1980	
沈阳农业大学	1906 省立奉天农业学堂 复旦大学农学院	沈阳农学院	1985	
四川农业大学	1906 四川通省农业学院	四川大学农学院	1985	1956年四川农学院 2001年合并
山东农业大学	1906 山东农业高等学堂	山东农学院	1983	1999年合并
山西农业大学	1907 铭贤学堂	山西农学院	1979	
华南农业大学	1909 广西农业讲习所 1917 岭南学校农学院	华南农学院	1984	
上海海洋大学	1912 江苏省立水产学校	上海水产学院	1985	2008年改为现名
安徽农业大学	1928 安徽大学农学院	安徽农学院	1995	
福建农林大学	1936 福建协和大学农科 190 福建省立农学院	福建农学院	1986	2000年合并
甘肃农业大学	1946 国立兽医学院	西北畜牧兽医学院	1958	

　　民国时期,国立中央大学农学院、私立金陵大学农学院、国立北京大学农学院、国立西北农学院和湖北省立农学院5所农学院的影响相对较大,是目前教育部主管的四所农业大学的前身。1956年胡适为《沈宗瀚自述》作序时,对民国农业教育机构的评价为:民国三年以后的中国农业教学和研究的中心是在南京。南京的中心先在金陵大学的农业科,后来加上南京高等师范学校的农科。这就是后来金大农学院和东南大学(中央大学)的农学院。这两个农学院的初期领袖人物都是美国几个著名的农学院出身的现代农学者。他们都能实行他们的新式教学方法,用活的教材教学生,用中国农业的当前困难问题来做研究。

　　中央大学农学院院长邹秉文,借鉴美国农学院"三位一体"办学模式,提出了"农科教结合"的农学院办学思想,成为新型农业教育的典范;提出创办中央和各省农业改进所的建议,促成了1932年中央农业试验所(即国家农科院)的成立,农业改进所成为各省农科院和推广中心的前身;1943年作为中国政府代表参加联合国粮农组织（FAO）的筹备，并担任筹委会副主席，使中国成为 FAO 的创始国之一。此外，该院还创办了中国大学第一个生物系和生物研究所，创办了中国农学会、中国植物学会、中国动物学会、中国昆虫学会、中国植物病理学会和中国畜牧兽医学会。

2. 专门化时期（模仿苏联办学模式）

新中国成立伊始，经济处于恢复期，教育上主要是接管旧学校，根据中国人民政治协商会议通过的《共同纲领》中对文教工作的政策规定，以及教育必须为国家建设服务，学校必须向工农大众开门的总方针，对旧的教育制度和教育内容进行初步改造，建立和发展新型的人民教育。

1952 年的全国院系调整，把设在综合大学的农、林学院（系、科、组），组成独立的农业院校，并在沿海、边远和少数民族地区新建一批农牧、林业、农机化和水产院校。1954 年调整工作结束时，独立的农（机、水产）学院 30 所，除四个省区外，各省至少有一所农学院，基本改变了地区分布不平衡状况。

此期，中国全面推行苏联"专门化"教育模式，综合性大学解体。1953 年起，改系科为专业，改学分制为学年学时制，设置教研组，制订统一的教学计划和大纲，翻译苏联教材，请苏联专家来华讲学等。这个重要转折时期，完成了对旧学校的改造和调整，对建立社会主义教育体制起到重要作用，培养的人才基本适应了经济建设的要求。但也存在一些问题，主要是学习苏联经验结合我国实际不够，否定了旧学校有些合理的部分，如综合大学、学分制等，造成学科单一，基础理论薄弱，办学模式不灵活。

这些弊端在 20 世纪 60 年代已经被认识到，但是在与世界体系隔绝甚至对立的条件下，中国在日趋极端的"继续革命"的大氛围下，完全抛开世界上所有的教育模式，独自探索一条"教育革命"的道路。这条道路在"文化大革命"中走到了极端……无疑是世界现代教育史上最具特色的办学模式，不仅"举世无双"，而且"史无前例"。

"文革"期间，在全国历史较久的 33 所高等农业院校中，被迫搬迁、撤销、合并或分散办学的就有 25 所，有 23 所院校被迫搬迁三、四次之多，有的还几易其名。如北京农业大学，1969 年被迁到河北省的涿县（现涿州市）农场，1970 年又搬到陕西省清泉县的甘泉沟；南京农学院于 1972 年搬至扬州（仪征青山），与原苏北农学院合并成立江苏农学院，其农机化系撤并到镇江农业机械化学院。

3. 多样化时期（改革开放以后的转变）

改革开放以后，高等教育获得了新生，以 1977 年恢复高考、1978 年恢复研究生教育及召开全国科学大会和 1981 年实施学位制度为标志。高等农业院校纷纷从外迁地搬回原址恢复办学,农业部组织制订了全国 12 个通用专业教学计划,恢复本科四年学制。农业部与教育部先后确定 18 所农业、农垦、水产院校为农业部属院校,其中 8 所院校为全国重点大学。高等农业教育在恢复中发展,在整顿中逐步提高。

1993 年颁布的《中国教育改革和发展纲要》,是适应中国经济社会发展和建立社会主义市场经济体制要求的一个纲领性教育文件,进一步确立了教育优先发展的战略地位,把实施科教兴国作为基本国策。此后,中国又陆续出台了人才强国和创新型国家建设等一系列重大战略。以 1999 年为开端的普通高等学校大扩招,加快了高等教育大众化进程。1998—2000 年进行的高等教育管理体制改革,打破了部门办学的旧体制,实行中央与地方两级管理,基本形成了适应时代需要的新体制。

1990 年中国有高等农业院校 65 所。从 20 世纪 90 年代开始,在全国高校向综合化发展过程中,农业院校出现了与农、林、水等院校在农业大学名称框架下的"同质横向合并"(如中国农大)、农科院校与非农院校在综合性大学名称框架下的"异质纵向合并"(如浙江农大)和农业院校"独立自主发展"(如南京农大)的多元模式格局,总体上呈现了 1952 年全国院系调整的逆走向。

"211 工程"建设后期,一些省属农业院校并入省域"中心大学",如海南大学/华南热带农业大学、广西大学/广西农学院、贵州大学/贵州农学院、西藏大学/西藏农牧学院、青海大学/青海农牧学院、石河子大学/石河子农学院、宁夏大学/宁夏农学院和延边大学/延边农学院等,这些学校在地图上的连线正巧拟合为"C"。沿海的水产学院从淡水走向海洋,纷纷更名为海洋大学,如大连、上海、浙江和广东海洋大学。"211 工程""985 工程"和"双一流建设",促进了中国从教育大国向教育强国的迈进。2017 年,全国 137 所高校入选"双一流建设"计划,其中涉农高校 17 所(以含有涉农学科建设为据),包括一流大学建设高校 5 所、一流学科建设高校 12 所。

改革开放以来,中国高等农业教育随着教育改革和农业现代化建设的步伐发展,呈现了大学化、多样性和高水平三个显著特征。

一是单科性农学院逐步向多科性、综合性农业大学方向发展。以 1984 年农业部批准南京农学院、华南农学院更名为农业大学为起点,各农学院纷纷更名为农业大学,成为政府和市场双重推动下的农学院"大学化"群体行动。其学科设置从经典的"农科四方城"(农学、生物学、农业工程、农业经济),向更广泛的领域延伸。

二是高等农业教育的机构类型呈现了多样化趋势,包括独立建制的农业大学、综合性大学农学院、其他类大学中的涉农学科,具有农业教育职能的科研机构,以及一大批涉农高等职业技术学院。

三是一些研究型大学已经跻身世界农科前列。在 2017 年 USNews "全球最佳农业科学大学"排名中,中国农大、浙江大学和南京农大分别位居世界第四、第八和第九,且这三校的"农业科学"和"植物与动物科学"均进入了 ESI 全球前 1‰;同时,西北农业的"农业科学"和华中农大的"植物与动物科学"也进入了前 1‰。

三、农业 4.0

目前,对于农业 4.0 究竟是什么,并没有一个统一的概念。从事信息、环境生态、农业经济与农村社会学等不同领域的学者对于农业 4.0 分别做出了各自的表述:

原信息产业部副部长杨学山对农业 4.0 的定义为:"农业生产过程,从播种到最后收获,整个过程有一流的、科学的、精准的信息指导。我们要用这样的方式使得当前的农业生产与今天互联网提供的这种优势结合起来,加快农业现代化的过程"。这就是农业 4.0 的基本含义。

长期从事农业信息化研究的中国农业大学信息与电气工程学院教授李道亮则认为"农业 4.0 是以物联网、大数据、移动互联、云计算技术为支撑和手段的一种现代农业形态,是智能农业,是继传统农业、机械化农业、信息化(自动化)农业之后进步到更高阶段的产物。"

清华大学化学工程系金涌院士则更强调农业 4.0 中生态的重要性,他认为展望生态农业 4.0 的主要特征表现为:"农业—工业—服务业的高度融合;以 GPS 定位大田耕耘、信息收集、管理、收获的自动化系统为代表的精准农业;全生命周期管理的智能水肥药一体化管理;可降解地膜广泛使用;分子生物学育种;以合成生物学开展抗逆研究,提高作物胁迫抗性。"

而中国人民大学农业与农村发展学院温铁军教授则从产业组织形态的角度加以阐述,"在中国应对全球化挑战之中率先提出生态文明的国家战略的指导下,我们应该提出农业现代化的 4.0 版——社会化生态农业"。这是在农业 3.0 版的基础上,全面推行农业的社会化和生态化。促进农村经济回嵌乡土社会、农业经济回嵌资源环境,最终达至"人类回嵌自然"的生态文明新时代。

尽管学者们对农业 4.0 的表述各有侧重，但其共同之处在于，农业 4.0 是基于"互联网+"背景下，一个高度社会化、精准化，高度重视资源节约和环境生态的多系统共同推进的大的系统。

第二节 新农科建设提出的背景和内涵特征

一、提出背景

党和国家历来重视农民、农业、农村发展，从建设社会主义新农村到实施乡村振兴战略，我国农业农村发展进入了转型关键期，城乡融合发展进入了快速推进期，作为高素质农业科技人才培养和现代农业科技成果产出的重要基地，新时代高等农业教育承担了前所未有的重要使命。

2019 年 4 月，教育部成立了新农科建设工作组，开始筹划新农科建设"三部曲"。6 月 28 日，全国 50 余所涉农高校的书记校长和专家代表齐聚浙江安吉余村，发布了《安吉共识——中国新农科建设宣言》（中国新农科建设第一部曲），提出了"打赢脱贫攻坚战、实施乡村振兴战略、推进生态文明建设、打造美丽中国"的"四大使命"，"面向新农业、面向新乡村、面向新农民、面向新生态"的"四大任务"，"开改革发展新路、育卓越农业新才、树农业教育新标"的"三个目标"，为高等农业教育未来一个时期的发展画好了"施工图"、吹响了"开工号"，拉开了中国新农科建设的序幕。9 月 5 日，习近平总书记在给全国涉农高校的书记校长和专家代表的回信中指出："中国现代化离不开农业农村现代化，农业农村现代化关键在科技、在人才。新时代，农村是充满希望的田野，是干事创业的广阔舞台，我国高等农业教育大有可为。"9 月 19 日，新农科建设北大仓行动工作研讨会（中国新农科建设第二部曲）在黑龙江七星农场召开，深入贯彻落实习近平总书记重要回信精神，将"安吉共识"落到操作层面，对新农科建设做出全面部署，推出了"新型人才培养、专业优化攻坚、课程改革创新、实践基地建设、优质师资培育、协同育人强化、质量标准提升、开放合作深化"的"八大行动"新举措，为新农科建设打好了"基础桩"。12 月 5 日，新农科建设北京指南工作研讨会在中国农业大学召开（中国新农科建设第三部曲），会议研究了新农科建设发展举措，启动了涵盖"发展理念研究与实践、专业优化改革攻坚实践、新型农业人才培养改革实践、协同育人机制创新实践、质量文化建设综合改革实践"五大改革领域的新农科研究与改革实践项目，为新农科建设指明了方向。

二、新农科的内涵及特征

1. 新农科的内涵

新农科的内涵根本点在于"新"上,它是相对于传统农科而言的一个比较概念,也是在新时代背景下随着网络信息技术的渗透和现代农业的发展而提出的一个高等农业教育的新方向。安吉共识提出新农科是面向新农业、新乡村、新农民和新生态建设,要走改革发展新路,推进农工、农理、农医、农文深度交叉融合创新发展。刘竹青(2018)提出新农科是基于农业农村现代化和创新驱动发展战略要求,推进农业学科与生命科学、信息科学、工程技术等学科的深度交叉和融合,培养知识结构宽、创新能力强、综合素质高的现代农业领军人才。当前,虽然学者们对于新农科的内涵有不同的表述,但基本都强调"新"是基于新时代和融合新技术发展的要求。笔者认为,新农科是适应我国经济社会发展特别是现代农业产业升级发展需求,以立德树人为根本,以国家粮食安全、农业绿色生产、乡村产业发展、生态环境保护为重要使命,强化创新与学科的交叉融合,培养适应农业农村现代化建设的农业专业高层次人才,着力提升学生的科研素养和创新实践能力。

2. 新农科的特征

(1)多学科的交叉融合

基于上述对新农科内涵的分析可知,新农科最主要的特征是多学科交叉融合,既有传统学科内部的交叉融合,也有传统学科与新兴学科的交叉融合。这是新农科之所以新的关键所在。新农科建设需要农科的知识结构和知识范畴。随着大数据、人工智能和生物技术对农业领域的渗透,传统农业学科的知识构成自然会发生转移。这是一种颠覆式的规模,而不是一种修修补补式的进步。一些已经普及、可以网上查询的成熟的农业种养知识将退出新农科专业教育的范畴,而人工智能、心理学、社会学和基因工程、细胞工程等交叉融合的知识将进入新农科的知识范畴。

(2)围绕现代农业全产业链培养人才

新农科之所以新的另一个因素是农业的内涵由传统的生产过程拓展到产前和产后,形成了产前、产中、后的全产业链。农业是三产融合之业,农业现代化对高等农业教育人才培养提出了更高、更新的要求。这并不是简单地把相关专业的人才整合到这一链条中就可以,而是要求培养的专业人才既是某一个环节的专门人才,也是对全产业链有整体把握的综合性人才,这需要新农科专业人才具备更高的专业能力,能够掌握农业技术与现代生命科学技术、信息技术、人工智能技术、新能源新材料技术、现代金融技术和社会学等相关知识。因此,新农科建设应致力于促进农业农村现代化、新型农业经营主体培育和农业生产经营体系转型升级,这就需要进一步优化学科专业结构,重塑农业教育链、拓展农业产业链、提升农业价值链,推动我国由农业大国向农业强国跨越。

（3）新农科建设与发展以创新、绿色、协调、开放、共享为理念

新农科的提出是创新、绿色、协调、开放、共享五大发展理念共同作用的结果。党的十九大报告提出,要着力解决突出的环境问题,加大生态系统保护力度,持续实施大气污染、水污染、土壤污染、固体废弃物污染等防治行动。而涉农高校交叉融合环境科学与工程、生态学及林学等传统学科,打造绿色协调、环境友好的新农科,在解决环境污染防治和生态修复方面优势明显。新农科在传统农科的基础上,交叉融合生命科学技术、信息技术、新能源新材料技术等实现创新,利用物联网、大数据、云计算、移动互联、空间信息技术、人工智能等现代信息技术,推动传统农科的改造升级。这将有利于充分挖掘和拓展农业多种功能,促进农业产业链条延伸,推动绿色、高效、智慧农业的大力发展。

（4）新农科和农科的关系

新农科是传统农业学科与现代生命科学、信息科学、工程技术、新能源、新材料及社会科学的深度交叉和融合后形成的。随着新兴学科和信息技术对农业领域的渗透,新农科拓展了传统农业学科的内涵,构建了高等农业教育的新理念、新模式,提升与拓宽了涉农学科的科学研究、社会服务、文化传承及国际合作与交流的能力。尽管新兴学科和信息技术的渗透形成了新农科,但并没有改变新农科的本质属性,新农科本质上仍然是农科,只是其内涵相较于传统农业学科发生了颠覆式的改变。

第三节　全面理解新农科建设的时代背景

社会、经济、产业等各领域的巨大变革正在深刻影响着高等教育的发展,全面深入理解新农科建设的时代背景,对于把握新农科建设的内涵、方向、任务具有重要的现实意义。

一、现代农业产业转型的新变化

伴随新型工业化、城镇化、信息化进程的不断推进,我国农业面临的资源环境压力也正在加大,农业效益偏低的矛盾日益显现,迫切需要推动传统农业向现

代农业转型升级。提高现代农业发展水平,已经成为破解三农问题,实现农业农村优先发展、实现全面建设小康社会目标的必然要求。2012 年,国务院印发《全国现代农业发展规划(2011—2015 年)》,提出要"坚持用现代物质条件装备农业,用现代科学技术改造农业,用现代产业体系提升农业,用现代经营方式推进农业,用现代发展理念引领农业,用培养新型农民发展农业"。党的十九大报告把"构建现代农业产业体系、生产体系、经营体系"作为实施乡村振兴战略的重要措施。农村第一、二、三产业融合进一步推动产业链、价值链、利益链、创新链紧密融合,使现代农业的涵盖领域更加扩展。与现代农业产业蓬勃发展相呼应,迫切要求有高质量农业科技成果、高素质农业人才作为支撑。与现代农业产业发展相对应,传统的农科专业结构、人才培养体系都必须进行改革创新,主动实现农科人才供给、农业科技成果供给的供给侧结构性改革优化。

二、实施乡村振兴战略的新需求

中国已经进入全面建成小康社会和社会主义强国的关键时期,提出了"创新、协调、绿色、开放、共享"五大发展理念,将新型工业化、城镇化、信息化与农业现代化"四化同步"推进。"一带一路"倡议和"乡村振兴战略"为中国农业农村现代化提出了新的要求,高等农业教育应主动进行农科人才供给侧结构性改革,对新农科的内涵、培养目标和培养模式进行专题研究,探索并实施新农科教育。

实施乡村振兴战略是新时期三农工作的总抓手,到 2050 年实现农业强、农村美、农民富、乡村全面振兴目标将是长期贯穿我国改革发展进程的重要历史任务。2017 年 2 月,中国工程教育发展战略研讨会形成的"复旦共识",提出了"新工科"概念,并被教育部采纳并组织实施。从新时代的特征和新型产业发展需求来看,应该还有新农科"新医科"等与之并行。广大涉农院校对开展新农科教育,正逐步取得共识。中国农大、南京农大、浙江大学等涉农高校已经开展了前期研究。2017 年 11 月 3 日,在上海海洋大学召开的华东地区农业水高校第 25 次校(院)长协作会上,新任浙江农业大学校长(浙江大学原副校长)应义斌在会议交流时,提出了开展新农科教育研究的建议。

2017 年 12 月 7 日,在海南大学召开的中国高等农业教育校(院)长联席会第 17 次会议预备会上,南京农业大学副校长董维春倡议实施新农科教育,提出新农科主要具有以下特点。

一是新农科是适应经济全球化和中国现代农业发展的需要,在培养理念与培养模式等方面超越传统农业教育范式,具有国际化、信息化、市场化和集约化等特征,并促进人与自然的和谐。

二是新农科是建立在产业链和综合性基础上,打破专业口径过小、培养模式单一的现状,促进相关专业的有效链接与联动,以农业及相关产业系统为背景培养新型农科人才。

三是新农科是对卓越农业人才教育培养计划的重要补充,在拔尖创新型、复合应用型、实用技能型基础上进行"本研衔接",构建本科、硕士、博士人才培养的多样化立交桥。

2018年2月,《中国农业教育》发表中国农业大学发展规划处长刘竹青的《新农科:历史演进、内涵与建设路径》文章。该文把新农科描述为:"以中国特色农业农村现代化建设面临的新机遇与新挑战,以及创新驱动发展战略和高等教育强国战略的新需求为背景,推进农业学科与生命科学、信息科学、工程技术、新能源、新材料及社会科学的深度交叉和融合,拓展传统农业学科的内涵,构建高等农业教育的新理念、新模式,培养科学基础厚、视野开阔、知识结构宽、创新能力强、综合素质高的现代农业领军人才,提升与拓宽涉农学科的科学研究、社会服务、文化传承及国际合作与交流的能力,增强我国高等农业教育的国际竞争力,推进产出高效、产品安全、资源节约、环境友好的中国特色的农业农村现代化建设与绿色发展,把我国建成高等农业教育的强国,为实现中华民族伟大复兴的中国梦提供重要支撑。"

2019年1月,教育部印发《高等学校乡村振兴科技创新行动计划(2018—2022年)》,明确提出实施科学研究支撑行动、技术创新攻关行动、能力建设提升行动、人才培养提质行动、成果推广转化行动、脱贫攻坚助力行动、国际合作提升行动,使高校成为乡村振兴战略科技创新和成果供给的重要力量、高层次人才培养集聚的高地、体制机制改革的试验田、政策咨询研究的高端智库。作为服务乡村振兴战略的主体力量,农业高校在人才培养、科学研究中发挥着重要作用。人才是实现乡村振兴战略目标的关键要素,打造一支懂农业、爱农村、爱农民的乡村振兴人才队伍,迫切要求农业高校紧密结合"卓越农业人才教育培养计划2.0",加大力度改造现有涉农学科专业、发展新兴涉农专业,以学科专业创新改革为基础,构建新的农科人才培养体系。

建议开展的新农科教育,应在"五大发展理念"和"四化同步"指导下,将乡村振兴战略对接经济全球化和正在兴起的第四次产业革命,兼顾世界农业现代化的发展规律和中国农业农村的现实需求,探索新时代中国特色高等农业教育体系;加强高等农业教育的综合改革,进一步转变教育理念、改进培养模式,突破长期单科性办学的局限性,走出象牙塔,践行现代大学的社会责任;面向 2035 年基本实现农业农村现代化和 2050 年实现乡村全面振兴目标,通过对"卓越农业人才教育培养计划"的升级改造,加强农科人才供给侧结构性改革,构建"本研衔接""交叉渗透""科教协同""产教融合"的多样化人才培养立交桥,提高卓越农业人才在知识、能力和素质等方面对新时代的适应性。

三、新时代高等教育发展的新趋势

高等教育大众化 1999 年全面启动以来,到 2018 年高等教育毛入学率达到 48.1%,我国高等教育即将进入普及化阶段。高等农业教育在这一进程中实现了快速发展,1998 年,国内独立设置的农业本科院校本科在校生数量 13.3 万人,到 2018 年,国内 38 所农业本科院校在校生数量已经达到 86.6 万人。高等教育规模的快速增长导致大学在教育教学模式、管理模式等各个方面都出现了相对的滞后现象。另外,高等教育全球化、现代信息技术普及化等因素进一步影响着高等教育的发展走向。联合国教科文组织在"教育 2030 行动框架报告"中指出:世界高等教育正在发生革命性变化,并呈现出了"大众化、多样化、国际化、终身化、信息化"的趋势。上述的诸多变化正将大学带入后现代状态,从而也变成中国高等教育发展面临的最大课题。高等教育发展的新趋势也成为新工科、新农科、新医科、新文科破茧而出的重要推动力量。

四、生态文明建设的新挑战

2018 年 5 月,全国生态环境保护大会正式确立了习近平生态文明思想,成为新时期党和国家生态文明建设事业发展的行动指南。习近平总书记强调,"走向生态文明新时代,建设美丽中国,是实现中华民族伟大复兴的中国梦的重要内容"。树立和践行绿水青山就是金山银山的理念,对高校提出了新的要求和挑战,也为高校发展指明了主动参与的方向。生态文明建设是推进高质量发展的必然要求,是需要多学科交叉融合协同推进的系统工程,高校的人才优势、科技优势、文化优势将在生态文明建设中发挥重要的支撑与引领作用。农业高校必须义不容辞地站在生态文明建设的前线,成为美丽中国建设的坚定支持者和有力推进者,努力为中华大地天更蓝、水更清、环境更优美提供强大智力支撑。正如陈宝生部长指出:新农科是高等教育落实习近平生态文明思想的重要抓手。要把贯彻与践行"两山"理念,融入农业高校的专业改革与人才培养具体实践中,这也为新农科建设的专业调整优化与人才培养指明了方向。

第四节　新农科专业建设的发展思路

一、坚持专业建设和学科建设的相辅相成,推进完整意义的新农科建设

新农科是专业建设,也是学科建设。专业建设和学科建设相辅相成,其逻辑关系已形成共识,无须赘述。在此需要指出的是,在学校层面需要统一认识。一是协调统一,作为一个整体。二是在目前形势下,专业建设要先动起来。

新农科的组织载体将发生变化。由于原有农科知识体系、研究范式等方面发生的变化,原有农科的专业学科设置也必然发生变化,它们可能会随着新专业新学科的不断萌生、原有专业学科的自然延伸和跨学科跨领域之间融合交叉而衍生的路径向前发展,因此我们需要采取更为灵活的专业学科设置原则来对新农科的专业学科体系进行重构。

二、坚持新农科、新工科、新文科建设的互相支撑紧密融合,推进深层次的教育教学改革

经过多年的发展,我国的农业高校多已发展成为多科性或综合性高校,虽然不少高校非农科专业在数量上已超过了农科专业,但由于处于非主导地位,其发展质量还远落后于传统农科。这种学科间的不平衡,以及农业高校与综合大学、工科院校等相比,教育理念及教育手段的相对落后,已与实现农业农村现代化要求的学科专业交叉融合发展不相适应。新农科的一个重要特点是需要多学科交叉融合,农业高校学科专业不平衡对于新农科专业建设具有不利影响,特别是一些地方农业高校的理工科普遍落后于农科发展水平,无法为新农科专业建设提供必需的学科专业支撑。因此,应坚持新农科新工科"新文科"建设的互相支撑紧密融合,使新农科能够更好地繁荣与发展起来。

三、坚持高校专业改革人才培养与产业行业的紧密融合

现代农业产业的转型升级是新农科建设的重要逻辑起点,新农科建设必须面向现代农业产业、面向社会发展、面向产业融合、重新确立专业改革与人才培养的整体框架。特别是要以农业产业发展引领专业改革方向,突破传统农科教育的思维模式与路径依赖。地方农业高校应把产业趋势、行业难点、企业需求引

入专业优化与人才培养方案的修订,逐步树立以学生长远发展为中心的质量观,促进产教紧密融合,实现学生更加多元化的个性发展目标。

农业高校应紧紧围绕学校办学定位,按照新农科发展理念,改造升级传统农科专业和涉农专业,打造新农科专业群。以农科专业认证为抓手,以新农科建设为内容,既实现专业建设质的提升,又实现专业动态优化调整。新农科不仅是传统农科内部的交叉融合,也是与现代信息科学、生命科学、"新工科"、医学和人文社科等学科的相互渗透、深度嫁接。但这一切都应落实在专业调整、师资队伍调整和课程内容的调整上。

第三章　相关理论述评

世界万物的发展莫不遵循一定的客观规律,自然科学的发展也不例外。学科是一定历史条件下的产物,作为科学的一个领域或分支,必然受到自然或社会演变规律的支配与影响。目前来看,关于学科演进的规律,国内外多是基于"科学发展模式"的框架下加以讨论的。

第一节　积累与变革规范

一、积累规范

积累规范(Cumulative Paradigm)是科学技术发展的一条重要规律,反映的是科学知识总量(指标包括图书资料、学术论文和科研人员等)在时间轴上的纵向发展变化规律。最早提出积累规范思想的是恩格斯。1844 年,恩格斯在其《政治经济学批判大纲》中指出"科学的发展同前一代人遗留下来的知识量成比例,因此,在最普通的情况下,科学也是按几何级数发展的"。基于对相关科技期刊的统计分析,1961 年,美国科学家 D. Price 在其所著《巴比伦以来的科学》一书中,对科学期刊增长情况进行了充分的统计分析,发现期刊数量在近 200 年来的增长呈一定的规律性,这个规律即为著名的科学知识量指数增长规律,即"普赖斯曲线"(也称作 S 形曲线)。S 曲线增长论说明科学知识总量是随时间呈 S 型变化,不仅解释了科学发展的加速现象,也阐明了科学发展在时间序列上的继承性与不平衡性,为预测科学发展趋势提供了一定的科学依据。20 世纪 60 年代以前,这种建立在知识加速度积累基础上的科学指数增长理论,一直在科学上占据主导地位,所以 D. Price 又把这一规律叫作"积累规范"。

积累规范的实质就是用知识增长量来衡量科学发展的速度,该速度既取决于科学知识的积累,也取决于科学发展的继承性。科学研究的本质是用已知的知识去探求未知知识的过程。科学家所做的,就是学习与掌握前人的研究成果,通过积累与继承已有知识,寻求创新和突破,从而实现科学技术的重大发展。科学上的突破,大体上有两种不同的方式,即来自实验上和理论上的突破。从实验上突破表现为通过观察实验,发现新现象,从而开辟新的研究领域,或者证实旧的理论预言,把理论大幅推进一步;从理论上突破表现为在一些实验数据的基础上,通过深入的思维辨析,提出新的理论,建立新的思想体系。学科作为一定科学领域的知识体系,其发展同样是以继承为前提,而其重大突破则是在积累基础上实现的。也就是说,学科发展实际上就是知识逐步积累的过程,是一个量变的过程。

学科知识的形成经历了由少到多、由浅入深、由简单到复杂、由零散到系统的一个逐步规范的过程,具有典型的继承性与积累性特征。积累规范重点强调了学科知识的发展具有积累性、继承性这一重要特点,从量的方面描述了科学发展的一般图景,但积累规范的不足在于它未能反映科学发展中,由量变到质变的变化规律。

二、变革规范

变单规范(Revolution Paradigm)是指由积累发生变革,由渐变而形成新的飞跃。科学的发展并不是一个平缓的、渐进的、量的积累过程,而是呈现波浪式或振荡式的前进过程。尤其是在科学理论或技术发生突变的时候,科学将产生质的飞跃,称为科学的革命。

美国著名哲学家 TKuhn 的科学革命论最具有代表性。1970 年,TKuhn 在其所著《科学革命的结构》一书中,首次提出了科学革命的观点,认为科学的发展不是单纯的量的积累过程,应该注意到科学发展的质的变化,并提出科学发展动态模式应为:前科学时期、常规科学时期、危机时期和革命时期,接着再进入新的常规科学时期。

前科学时期也就是相关学科的配酝酿时期,学科理论众说纷纭,尚未形成体系,科学活动处于无组织状态。

常规科学时期是学科理论逐步趋向成熟,某种理论脱颖而出且得到一定科学群体的认同,学科逐渐形成了系统的理论体系,并在实践中不断完善与丰富自己。

危机时期是指随着学科理论在实践中的应用,原有的学科知识越来越不能解决新问题,产生理论危机。

革命时期,新理论形成并逐渐取代旧的理论。接着,新理论进入了常规科学阶段,开始新一轮的科学进程。

与积累规范互为补充,变革规范的提出弥补了积累规范的不足。变革规范的提出着重从质的变化上来揭示科学发展的动因,抓住了科学发展变革性这一本质特点,因而更能反映科学发展的曲折性与革命性。但是,革命规范不能否定或代替积累规范。因为科学发展是量变与质变的统一,不仅表现为量的积累,而且也呈现出质的飞跃。量的积累必然导致质的飞跃,质的飞跃必然又是以量的积累为前提的。T. Kuhn 提出的科学革命论肯定了科学理论发展过程中质变的重要性,但由于过分强调革命前后两个理论的不相容性,而忽视了新旧理论的继承性,因此也有不足之处。

三、积累规范与变革规范的对立统一

积累规范与革命规范不仅符合唯物辩证法中的量变质变规律,而且符合自然科学的发展规律。两个规范从不同侧面描述了学科纵向发展变化的图景,两者互为对立统一的关系深刻揭示了科学发展中的质量互变法则。综合积累规律与 T. Kuhn 的科学革命论对学科发展可做如下解释。

对于学科的发展,首先是学科知识的积累与继承,如学科的前科学阶段就是一个渐进的量变过程。其次我们还需注意到,学科的发展还是一个质变的过程,学科知识积累到一定程度后必然会出现质变,学科由前科学进入常规时期,质变的点就成为一个学科发展的转折点;学科在解决实际问题中遇到越来越多的难题,因此,产生学科理论危机,从而导致学科理论的革命;在继承旧理论的基础上新的理论出现并进入新的常规时期,这一过程正是学科发展的一个质变的过程。学科的发展不仅遵循积累规律,而且同样符合革命规律,是积累中蕴含创新与突破,符合哲学量变质变规律。从前科学时期到常规时期的转折点是学科发展的关键点,该转折点应包含几个方面的要素:科学家群体的出现、专业学会的建立、研究机构和教学单位的创建及用于展示学科研究成果的学科出版物问世。由于科研群体的出现、高校与科研机构的创建,以及学会的建立,促使不同研究方向的研究人员凝聚在一起形成合力,研究成果不断涌现且很快形成学科独有的理论体系和专业方法,成果在实践中广泛应用并得到社会认可。科学发展历史证明,科学发展的一般规律表现为两种规范的对立统一,而不会是两者择一。因此,任何学科的成长都是充满着矛盾的对立统一体。学科的发展既有连续性,又有突变性,既是曲折的,又是前进的,从而使整个发展过程呈现出波浪式螺旋形前进的图景,学科发展规律可由图3-1清晰地表述。

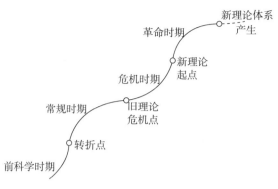

图 3-1　学科发展规律模式图

第二节　内生型与外生型发展理论

依据一个国家现代化起始的时间及现代化的最初启动因素,可将现代化的国家分为早发内生型和后发外生型两大类。所谓早发内生型现代化是指以自我本土力量为推动,现代化过程由社会内部长期"创新"、自发演进而来,是政治、经济、科技与文化等各个系统相互作用的结果,也称作"内源型"(modernization from within)的现代化。后发外生型现代化是指由于自身缺乏内部现代性的积累,对外部现代性刺激或挑战产生的一种有意识的积极的回应,是一种由政府强行启动,并由政府推动而发生的现代化,也称为"外源型"(modernization from without)现代化。早发内生性与后发外生型现代化是两种截然不同的发展模式,有着本质的区别。

从启动时间来看,早发内生型现代化主要缘起于欧洲,后逐次向北美、亚非拉等地扩散。而后发外生型现代化无论从启动时间,还是发展进程上看,均与早发内生型现代化国家之间存在显著时间差,属于现代化的后来者。

从政府作用来看,早发内生型现代化是以"自由放任主义"(laissez-faire)为指导,尤其在现代化早期,个人发明与创造占据主导位置,政府为现代化发展只提供一些基本的条件,如国家统一、社会稳定等,政府很少介入或参与现代化进程。后发外生型现代化则不同,其发展主要由政府集中政治经济权力来主导,通过有计划的外部移植、引进来促进现代化的进程,政府占据主导作用。

从发展动力来看,早发内生型现代化的动力源自社会自身力量产生的内部创新,具有较强的自我发挥能力,其发展由漫长的自我变革为主导,外来影响居次要地位,是一个自发的、自下而上的、渐进变革过程。后发外生型现代化是由于其自身内部缺乏足够的现代化元素的积累,受国际环境影响,外部强烈的冲击形成主要推动力,引起内部政治、经济、科技及文化教育等的变革并进面推动现代化发展,其发展主要以外援为主,内部创新居于次要地位。是一个被动的、自上而下,跃进式变革过程。

现代化涵盖的内容较广,通常包括教育现代化、学术科学化、政治民主化、经济工业化,社会生活城市化,思想领域民主化,以及文化的人性化等多个领域。学术科学化的过程就是学科形成与发展的过程,不同国家与地区的自然资源、经济结构、政治体制及社会历史与文化决定了学科发展选择模式和发展进程的不同。

对学科而言,学科发展模式可分为先发内生型与后发创新型两种模式。先发内生型学科发展模式是指学科体系形成时间较早、主要依靠本国内部力量来推进的学科发展模式,模式特征主要表现在:一是先发性,即学科形成时间较早,没有任何成功模式可借鉴与模仿;二是内生性,学科形成力量主要源自社会内部需求及不断积累与发展的科学技术革命。通过民间白发推动形成,政府作用较为有限;三是渐进性,学科发展是在逐步摸索和积累中前行,发展进程相对渐进与缓和。因此,可以说先发内生型学科发展模式是一种自发、渐进式和自下而上的发展模式。

后发创新型学科发展模式是指学科体系形成较晚,为摆脱与发达国家的显著差距,经过早期被动模仿,后期进入主动创新发展的学科发展模式,模式特征主要包括:一是后发性,由于学科在国内缺乏前期积累与自主形成条件,学科起步时间较晚。二是外生性,基于发达国家学科成功模式的刺激与驱动,政府直接介入并强行推动以减少差距,学科早期建设主要通过大量模仿、引进先进国家经验来推进,节约大量探索时间并在短期内取得非常好的发展。三是创新性,对科学技术而言,核心知识与技术会受到发达国家严密保护,要想突破,学科后期主要通过逐步摆脱依附和依靠内部创新来完成。因此,后发创新型学科发展模式是早期以引进借鉴为主,由政府行政力量推动,后期学科积极进入自主创新阶段,是一种后发、引进借鉴与主动创新并存的发展模式。

第三节　科学计量学

科学计量学是建立在数学、统计学、计算机科学、图书馆学、情报学等基础上的交叉学科,它以科学自身为研究对象,运用统计分析、网络分析、图论等数学方法定量研究科学家人数、科学成果数、科学期刊数、科学论文数、科学文献引证频次等,为可靠地评价一个国家、地区、科研机构、个人或某个领域的科学活动水平、发展趋势,揭示科学发展的兴衰涨落、科学前沿的进展等,为国家科学决策、科学管理、科学基金利用提供定量的科学依据。

历经半个世纪的发展,科学计量学已发展成为研究科学技术发展的重要工具和手段。目前,常用科学计量学分析方法包括词频分析、共词分析、引文分析及社会网络分析等。

一、词频分析

词频分析的核心思想是利用词的频率来预测学科新理论、新技术的发展趋势、分析学科主题之间联系的强度,以此来论证学科发展的规律。

词频分析所依据的基本理论为齐普夫定律(Zipf' S law)。有人认为,齐普夫定律是由两大定律组成的,即高频词定律和低频词定律。高频词定律(齐普夫第一定律)可表述为:如果把一篇较长文章中每个词出现的频次统计起来,按照高频词在前、低频词在后的递减顺序排列,并用自然数给这些词编上等级序号,即频次最高的词等级为 1,频次次之的等级为 2,…,频次最小的词等级为 R。若用 F 表示频次,r 表示等级序号,则

$$Fr \times r = C(C \text{ 为常数}) \tag{3-1}$$

实际上,常数 C 并不是一个绝对不变的恒量,而是围绕某一中心数值上下波动。该定律由于对高频词和低频词的解释存在不足,所以具有一定的局限性。

低频词定律(齐普夫第二定律)可以表述为;若 Pr 表示第 r 位词出现的概率,N 为词的总体集合中不同词出现的总次数,n 为第 r 位词出现的次数,则:

$$Pr = \frac{n}{N} \tag{3-2}$$

根据齐普夫第一定律,有,

$$Pr = \frac{C}{r} \tag{3-3}$$

联合求解上面两式可得,

$$r = \frac{CN}{n} \tag{3-4}$$

由于文献中不可避免地存在同频词,因此这里的序号 r 是不连续的。假定它

是用最大排序法得到的序号(即所有的同频词都共用同一个序号,即它们按自然排序法所能得到的最后那个序号)。若将 r 看作以频次 n 为自变量的函数,则上式可写作

$$r_n = \frac{CN}{n} \tag{3-5}$$

根据最大排序法的定义,必有 r_n 个词出现 n 次以上,有 r_{n+1} 个词出现 $n+1$ 次以上,所以刚好出现 n 次的词的数量 I_n,为:

$$I_n = r_n - r_{n+1} = \frac{CN}{n(n+1)} \tag{3-6}$$

因此,词出现一次的数量为:

$$I_1 = \frac{CN}{2} \tag{3-7}$$

则,

$$\frac{I_n}{I_1} = \frac{CN \ / \ n(n+1)}{CN \ / \ 2} = \frac{2}{n(n+1)} (n=2,3,4,\cdots) \tag{3-8}$$

式3-8表明, I_n/I_1 的大小与文献的长度和常数 C 无关,仅取决于单词的频率。该式即为齐普夫关于低频词的分布定律的表达式。上式是由 A. D. Booth 于1967年导出,因此也被称为布茨公式。如何确定低频的临界值呢? 1973 年,Donohue 提出一个高频低频词界分公式:

$$T = \frac{1}{2}(-1+\sqrt{1+8I_1}) \tag{3-9}$$

式中, I_1 为仅出现一次的词数。所有出现频次小于 T 的均属于低频词。

齐普夫定律是在分析英语词汇的基础上形成的定律,是否也适用于中文词汇呢? 1989 年,王崇德、来玲援引钱学森所著"科技情报工作的科学技术"一文,采用计算与引图解法拟合了齐普夫分布曲线,结果表明两者有良好的一致性,指出中文文集也适用于齐普夫分布定律。

词频分析方法作为一种计量学分析方法和内容分析方法,广泛应用于学科发展动态、研究进展及研究热点的研究。

二、共词分析

共词分析(Co-words analysis,共现分析的一种)是对一组词两两统计它们在同一篇文献中出现的次数,以此为基础对这些词进行聚类分析,通过分析这些词

之间的亲疏关系,进一步揭示这些词所代表的学科和主题的结构变化。共词分析方法最早起源于法国,1986 年 M. Callon 等人在论著《Mapping the Dynamics of Science and Technology》中指出,共词分析是以行为者网络理论为理论基础的一种方法,并详述了共词分析的基本过程。

共词分析方法通常采用包容指数和邻近指数方法来测量词对之间关系的强度。其中,包容指数主要用来反映主题领域的层次特征,而邻近指数用来反映较小的但具有潜在发展趋势的领域间的关系。包容指数计算公式如下:

$$I_{ij} = \frac{C_{ij}}{\min(C_i, C_j)} \tag{3-10}$$

其中,C_{ij} 代表关键词对(M_i 和 M_j)在文档集合中共同出现的次数,C_i 代表关键词 M_i 在文档集合中的出现频次,C_j 代表关键词 M_j 在文档集合中的出现频次,$\min(C_i, C_j)$ 代表 C_i,C_j 两频次中的最小值。I_{ij} 值介于 0 与 1 之间。

当然也会出现这样一种情况,文献集合中存在一些具有中介性质的词(mediator keywords),这些词出现的频次相对较低,但与其外围的关键词之间有着重要的联系,这时可引入邻近指数来计算词对之间的联系程度:

$$P_{ij} = \left\{ \frac{C_{ij}}{C_i \cdot C_j} \right\} \cdot N \tag{3-11}$$

其中,C_{ij}、C_i、C_j 含义同上,N 表示文档集合中文献的数量。C_{ij} 以两种指数为基础,主题词或关键词经聚类成组后可以网络地图的形式展示,通过比较不同发展阶段的网络地图进而有效揭示学科的动态变化。研究表明,共词分析方法在在揭示科学研究各领域之间关系方面具有较大的潜力,已成为分析知识结构的一种有力工具。

共词分析属于内容分析方法,是建立在词频分析法基础之上的更深层次的分析。词频分析仅能从词的频次大小来简单反映词的热点程度,而共词分析则通过对词与词之间的语义关联分析,能够准确揭示学科研究主题的发展趋势,实现对学科知识结构的演化路径揭示。在现有科学计量方法中,共词分析以其简单、直观等优点,成为研究人员揭示学科主题演化常用方法之一。研究者多利用共词方法基本原理概述研究领域的研究热点,横向和纵向分析领域学科的发展过程、特点以及领域或学科之间的关系,反映某专业的科学研究水平及其发展历史的动态和静态结构。该方法目前多用于识别某一学科的主要知识结构、研究热点及学科演进趋势。

词频分析与共词分析都是数据的定量分析,对结果的解读并不是很直观。

20 世纪 90 年代以来,借助于多元统计等分析方法及计算机图形学等相关软件的图形显示,可以清晰地将结果直观呈现出来。用可视化技术描述知识资源及其载体,挖掘、分析、构建、绘制和显示知识间的相互联系的图形,在情报研究领域被称为科学知识图谱,简称知识图谱。知识图谱综合应用科学计量学与应用数学、图形学、信息及计算机科学等多个学科理论与方法,将相关学科知识结构、发展历程、热点前沿和新生长点以可视化的图像直观呈现出来,以揭示学科知识结构的动态变化规律,目前已在国内外得到广泛应用并取得较好效果。

三、可视化分析

1. 聚类分析

聚类分析(cluster analysis)是研究"物以类聚"的一种现代统计分析方法,在社会、人口、经济、管理、气象、地质及考古等众多的研究领域中,都需要采用聚类分析作为分类研究。根据事物本身的特性及研究变量之间存在的不同程度的相似性,聚类分析依据对研究对象所设定的多个变量指标,将统计对象依规定相似性进行划分,相似程度较高的变量聚合为一类,不同聚类中的数据不具有相似性。通过聚类过程,实现数据关系密切与关系疏远区域的分离,直到所有变量聚合完毕,形成清晰的数据关联与分类系统。科学计量分析中常采用共词聚类、耦合强度或共引强度为基本计量单位,对一定的引用文献集合或被引文献集合中学科或专业内容上所存在的疏密关系进行分类来揭示学科主要研究领域。

2. 社会网络分析

社会网络(social network)指的是社会行动者(actor)及其相互间关系的集合。社会网络由节点(nodes)和联系(links)组成。"节点"是指各个社会行动者,而社会网络中的"联系"或"边"指的是行动者之间的各种社会关系。关系可以是有向的,也可以是无向的。同时,行动者的社会关系可以表现为多种形式,如亲属关系、朋友关系、合作关系、上下级关系等。社会网络分析就是对社会网络中行动者之间的关系结构及关系属性加以量化分析和研究的一种方法,该方法作为一种研究社会行动者及其相互关系的定量化方法,可为任何共同体构建一个社会网络模型,用来描述群体关系的结构,研究这种结构对群体功能或群体内部个体的影响。其主要分析指标有紧密性、中介性、中心性等,通过社会网络分析中的这些概念,借助可视化技术可以找出学科发展中具有重要地位的作品、作者或是关键词及学科力量与群体分布情况。

第四章　学科发展模式与规律

人类发展史上,任何一门科学技术的形成和发展都与其深刻的社会、经济及生产力发展水平密不可分。20 世纪前叶,欧美发达国家相继建立了完善的农业工程科研与教育体系,深入探究欧美发达国家成熟的学科建设经验,厘清学科发展规律,可为中国农业工程学科建设提供参考借鉴。

第一节　农业工程学科的缘起

农业工程技术缘起很早,伴随着农业的发展经历了由简到繁,并最终与科学相结合,形成一门独立的农业工程学科。公元 1 世纪,欧洲西部的高卢地区开始应用骡子牵引木制收割机收获小麦。至 18 世纪,欧美农业生产工具还处于非常落后的状态,农业生产主要采用畜力牵引原始木犁,手工播种,锄头中耕,用镰刀收割,用枷打击脱粒。18 世纪工业革命初期,当时英国各地使用的犁头还是木制的,仅仅边缘装上一点金属薄片。随着一、二次工业革命相继在欧美各国兴起与深入,冶铁工业和机器制造业得以迅速发展,各式农机具日益增多,为欧美农业工程技术的创新发展提供了千载难逢的机会。19 世纪末 20 世纪初,内燃机和石油工业的兴起,使机械动力普遍用于农业成为可能,欧美农业工程技术由此发生了质的变化。1862—1875 年,以畜力代替人力为标志的美国第一次农业革命拉开帷幕。19 世纪 90 年代,欧美农业生产日趋机械化。1890 年,组合犁、圆盘耙、钉齿耙、两行播种机等已被广泛应用,欧美农业生产逐步进入现代农业时期。在中国,虽然公元前 770 年至公元前 476 年的春秋时代,铁制农具已得到普遍应用,但一、二次工业革命并未在中国发生。1840 年鸦片战争以后,中国传统的农业社会日益受到西方工业文明的渗透和影响,中国传统经验农业向近代实验农业开始转变,农业生产工具也开始由畜力手工农具向机械动力农机具的转变,但这种转变主要以引进和吸收西方工业文明成果为主。

20 世纪之前,"农业工程"一词开始在欧美国家偶尔使用。农业工程作为一个学科,一门系统的学问,是在 20 世纪初提出的。第二次工业革命后期,众多工程学术团体相继成立,越来越多的工程技术人员参与到农业工程科学研究中来,为农业工程学科创建奠定了基础。1907 年,J. B. Davidsonn 等人发起创建 ASAE,"农业工程"作为一门独立的工程学科开始为世人所认识。

第二节　学科发展阶段性特征

人类农业发展阶段划分的标准主要是科学技术的进步和社会经济发展的水平,其中一个重要依据是农业生产工具的变化,每一次新的生产工具革命,都标志着农业发展进入一个新的历史阶段。农业工程学科的形成和发展与农业生产工具的革命密不可分。

一、欧美发达国家学科发展的阶段性特征

1. 18 世纪至 19 世纪中叶

18 世纪自英国发起的工业革命是世界技术发展史上的一次巨大革命,工业革命使工厂生产代替了手工工厂,蒸汽机作为动力机被广泛使用,开创了以机器代替手工工具的时代。这一时期,农业工程技术创新主要呈现两个主要的特征:

(1)早期技术创新源自英美两国,创新以个人实践经验为主

铁犁自 17 世纪由中国传入荷兰以后,引发了欧美各国农业工程技术的革命。18 世纪,20 项有记录的欧美农业工程技术创新有 14 项诞生在英国(占 70%),美国 6 项,这与欧洲农业革命及工业技术革命首先发生在英国有直接的关系。从技术创新时间密集程度来看,70%的技术创新发生在 18 世纪 70 年代以后。20 项技术创新有 7 项获得专利授权(英国 4 项、美国 3 项),以个人经验为主的农机具技术的改进占到 65%。1720 年,J. Foliambe 获得英国首个犁的专利授权。相比 1624 年开始实行的英国专利制度来看,英国农业工程技术的创新发展极为缓慢,制度实行近百年才诞生首件农机具专利。1796 年,H. Holmes 获得美国首个轧花机专利授权,成为在美国本土获得的首个农业工程技术专利。与 1641 年美国诞生的首件专利(关于食盐制造的方法)相比,其农业工程技术的创新同英国一样,显著滞后于其他科学领域的发展。

18 世纪欧美农业工具的创新主要集中在金属犁和脱粒机技术的改进上。J. Small 是苏格兰乃至欧洲犁的设计先驱,1730 年首次采用机械理论论述了犁壁设计原理对土壤翻耕的影响,但其论述比中国晚了近 2000 余年。而美国首件铸铁犁专利由 CNewbold 于 1797 年申请获得,其犁壁、犁铧和犁侧板被铸造为一个

整块,任何一部分破裂,整个犁就报废,实用性较差。1732 年,M. Menzies 发明了水力脱谷机,由水车带动连枷(一种人工脱粒用的农具)连续敲打谷物,使之脱粒。但连枷在实际应用中存在生产安全性较低、极易损坏等不足。半个世纪以后,苏格兰人 A. Meikle 发明了一种以水车为动力的脱粒机。这种脱粒机有装着翼轮的滚筒,依靠翼轮的叶片抽打麦穗或稻穗,使之脱粒,同时配套有风车和震动器,可将谷粒与茎秆、糠壳直接分离。随着冶铁工业和机器制造工业得以迅速发展,各式农机具日益增多,谷物条播机、耕耘机及收割机在英国开始普遍使用。到 18 世纪末,马拉的铁犁逐渐代替了牛拉的木犁,铁锹、铁铲及磨盘等生产工具在美国得到广泛使用,用于收获环节的圆盘割刀收割机在英国开始出现。

(2)冶铁技术与机器制造业迅速发展,世界农业工程技术创新中心移至美国

19 世纪开始,农业生产主要耕作、施肥、播种、收获及田间植保等作业环节的农机具相继出现并不断改进,以畜力代替人力为标志的农业工程技术革命逐渐拉开帷幕,美国逐渐替代英国成为世界农业工程技术创新与发展的中心。

18 世纪 J. Watt 发明蒸汽机促进一次工业革命迅速发展,蒸汽机作为新型动力在 19 世纪逐渐被应用到农业工程的多个领域。19 世纪 30 年代初,英国人 J. Heathcoat 与美国人 J. Lane 相继发明可移动蒸汽犁,通过钢索牵引实现农田耕作。也就是说,对绳索蒸汽牵引犁的发明英国和北美大体同步,彼此在设计上各有所长。1837 年,英国人 J. Upton 获得蒸汽犁的专利授权。蒸汽犁主要借助缆绳往返牵引农具,完全避免了马匹耕作对土壤层的践踏和压实,也有效避免了犁底层的板结。蒸汽机耕作动力显著大于畜力与人力,农业生产效率得到显著提高,深受农民欢迎。到 19 世纪 70 年代,蒸汽犁在英、法等国得到广泛使用。不仅是犁,1837 年,美国人 H. A. Pitts 与 J. A. Pitts 兄弟发明了世界上第一台以蒸汽机为动力的脱粒机。此后,英国 Ransomes(兰塞姆斯)公司生产了世界上首台自走农用机动车,车体由一个装在三个车轮上的底盘和直立锅炉蒸汽机组成,蒸汽机通过链条驱动前轮行走。

19 世纪 30 年代以后,美国冶铁技术显著提高且产品价格下降,钢铁在犁、耙、播种机、收割机和拖拉机等耕作农具得到成功应用,与机器制造业一并推动了欧美农业工程技术的快速发展。圆盘耙、谷物条播机、玉米播种机、收割机、割晒机、割捆机、玉米摘穗机、采棉机、脱粒机与联合收获机相继获得专利授权,Deere & Company、McCormick Harvesting Machine Co. 及 Buffalo Pitts Co. 等农机具生产商相继成立,农机具制造进入了工厂化生产阶段。1831 年,美国农民发明家 C. H. McCormick 设计制造成功首台由两匹马牵引的联合收割机(收割效率超过

了 30 个人工），联合收割机研制取得重大突破。经技术改进后，1834 年该收割机获得专利授权，成为美国主要的收割机制造商之一。此后，经多次改进和与技术创新，到 1870 年，由 40 匹马牵引，收割幅宽达 30 米，兼具麦秸打捆装置的大型联合收割机研制获得成功并投入生产。至 19 世纪后半叶，联合收割机已在美国逐渐普及。畜力谷物条播机在英、美等国开始实现批量生产。到 19 世纪末，由蒸汽机驱动的自走式联合收割机已在美国出现，收割作业效率高达每天 $50hm^2$ 以上。加拿大农业工程技术发展起步较晚，20 世纪初，加拿大研制出第一台马拉收割机。

从欧美发达国家早期农业工程技术的创新与发展不难看出：19 世纪中叶之前，科学与技术的发展是相互分离的，尽管多数农机具在使用材料、设计及制造等方面都得到了改进，但大部分发明创造是具有生产经历的能工巧匠们实践经验的总结与创新，是基于经验积累的前科学时期，技术创新远没有上升为系统化的科学知识或理论体系，与学科相关的知识尚处于酝酿时期，还未形成体系更谈不上是一个独立的学科。

2.19 世纪中后期至 20 世纪中叶

19 世纪 70 年代，第二次工业技术革命开始并且自英国向西欧和北美蔓延。发动机和内燃机等技术的相继问世，为农用动力和农机制造技术的创新提供了可能。1876 年，德国工程师 N. Otto 获得四缸内燃机的专利权。动力机械特别是内燃机驱动拖拉机和其他机动农具的推广使用标志着现代农业工程的开始。

（1）农业工程学术团体及其相关机构的建立

随着工业化进程加快，1850 年以后，许多工程技术学术团体相继成立，越来越多的工程技术人员参与到农业工程领域中。如乡村道路与桥梁设计、畜力或机械牵引农机的设计，灌溉、排水及农用电力工程的研究，但没有哪一个学术团体能够同时涵盖农业工程技术的全部。

1907 年 12 月，在威斯康星大学召开的农业工程研讨会上，与会成员一致同意成立美国农业工程师学会，并推选 J. B. Davidson 为学会首任主席。ASAE 的成立，标志着农业工程作为一门工程学科开始被广为认识。1908 年 12 月 29 日召开的 ASAE 第二次年度会议上，与会者就工程技术在农业生产各个环节的重要性达成了共识，确立学会成立初期的主要任务为：制定农业机械的制造标准和试验标准，在农用工业行业之间交流农业机械设计制造及相关农业工程技术的推广经验，推广农业机械及其他农业工程技术，探讨农业工程教育的课程设置、教学计划和教学方法等。因此，ASAE 成立初期，在促进农业工程技术开发的同时，积极开展农业工程教育的探索。1910 年，ASAE 设计了自己的会徽，爱荷华州、内布拉斯加州、俄亥俄州及密西西比州立大学相继成立了以学生成员为主的大学活动分部。在 ASAE 带领下，学会的成员有了归属，不同研究方向凝聚在一起很快形成合力，研究成果不断涌现并很快得以应用。1919 年，内布拉斯加拖拉机试验站建立成为学会成立以来取得的另一项重大成果。拖拉机试验与检测为拖拉机相关技术领域的改进和革新提供可能，规范与促进了拖拉机行业的发展。1926 年，轻型拖拉机成功问世，意味着农业工程学科研究产生重大突破。20 世纪 30 年代，全功能、橡胶轮胎、带有配套作业机具的拖拉机已经在全美广泛使用。1945 年之后，以拖拉机代替畜力和许多新技术的使用为特征的美国第二次农业革命开始，1954 年，美国农场中的拖拉机数量首次超过役畜的数量。

在欧洲，20 世纪 30 年代各国农业机械尽管有所发展或改良，但由于农业机械和农场建筑的设计仍是能工巧匠们基于技巧和积累的经验而不是通过理论和科学，所以，欧洲整体农业工程技术发展相对缓慢。为了促进研究人员的国际合作并加快改善农业劳动条件，一群比利时、法国、德国、荷兰、西班牙、瑞士和英国的欧洲农业工程科学家于 1930 年，在比利时列日（Liege）发起成立了国际农业工程学会（The International Commission of Agricultural Engineering，简称 CIGR）。学会成立宣言确立了学会首要工作任务是协调和加强机械学与建筑学等技术在农业领域中的研究与应用，明确提出 CIGR 的四项重点工作：土地反复，即农业水管理（排水、灌溉、签堤），土地管理、土地开垦；农场建筑；机械，包括农业机械、机械化农场运转、电力；系统科学研究。与 ASAE 成立之初相同，学会将农业工具的使用确立为主要研究领域，研究主题涉及农业机械、机械学、农业机械测试及其标准化。第二次世界大战以后，世界上不同国家和地区学会之间的密切交流已成为一种必然趋势，CIGR 借此得以迅速发展，会员人数逐渐增多，学会重构并扩大其基本结构势在必行。伴随着越来越多非欧洲本土的农业工程研究人员加入该组织，学会国际化趋势愈发明显，有效推动和促进了国际农业工程学科的发展。

可以说，农业工程学科是工业化时代发展的产物，既是工业化社会发展的需要，也是工业化社会中农业生产与社会化大生产两者不可协调的情况下出现的新的解决方式。农业工程学科源自美国，20 世纪 30 年代之后，学科开始以美国为中心逐步向欧洲、亚洲、非洲等国家与地区逐步扩展开来。学科的建立不仅对美国近代农业的发展做出了巨大的贡献，促进了美国在 20 世纪 60~70 年代全面实现农业现代化，而且为农业工程学科在世界范围内的传播与发展奠定了基础。

（2）农业工程课程体系及其专业创建与认证

随着工业产品及工业技术在农业中的广泛使用，农业已成为工业的一个巨大市场，并逐渐形成了一个以制造、销售、推广农用工业产品和工业技术的行业。为了适应这种社会需求，在一些美国大学的农学院开始设置"农具与动力""农业工程概论"等课程，农业工程技术开始由实践经验走向系统化的理论指导。

1905 年，J. B. Davidson 教授在爱荷华州立农学院创建了四年制农业工程课程体系（表 4-1）。课程内容主要包括农业机械、农用动力（蒸汽拖拉机的设计与应用）、农用建筑设计、乡村道路建设以及农田给排水，该课程体系的创建为后来其他院校建设农业工程课程体系提供了参考与借鉴，具有重要的历史意义。同年，爱荷华州立农学院成立了农业工程史上首个农业工程系，以期培养工作领域与其他工程学科既无竞争也不重复，研究介于土木工程与农业科学之间的农业工程师。此后，美国各州立大学几乎都建立了农业工程系，设立农业工程专业课程并开展农业工程技术指导。1909 年，加拿大首个农业工程系在萨斯喀彻温大学建立。1910 年，世界上首个农业工程学士学位在爱荷华州立农学院授予 J. A. Waggoner，1918 年和 1938 年该大学相继获得硕士与博士学位授予权。

表 4-1　爱荷华州立农学院 1905 年创建的四年制农业工程课程体系

	课程内容	占比/%
农业工程	Agricultural engineering	14.2
工程学	General engineering	21.6
农学	General agriculture	19.2
自然科学	Science	28.4
文化主题	Cultural subjects	5.5
选修课	Elective	8.2
军训与体能训练	Militaryandphysicaltraining	2.9

北美早期的农业工程系通常由农学院和工学院跨院共同管理，系的下面通常设立两个专业：农业机械化和农业工程。农业机械化专业主要培养农业机械销售、服务、经营、使用及农业工程技术推广人才，学生在农学院注册。农业工程主要培养农业机械设计和研究人才，该研究方向主要包括动力与机械，土水关系，农业建筑与环境，电力与加工四个方面，学生在工学院注册。

经过反复论证与讨论，1946 年，ASAE 加入美国工程师职业委员会（Engineers' Council for Professional Development，简称 ECPD，1932 年成立；现更名为美国工程

与技术鉴定委员会,简称 ABET),学科专业课程及其教育得到了社会权威机构的认可。ASAE 大力倡导校企合作,鼓励农机企业为农业工程专业的学生提供实习与工作机会,为学生理论与实践相结合提供了极好的实践平台,也为教师的科研与实践应用找到了有效的对接,产、学、研互为促进,充分发挥了三位一体的科研、教育与推广体系应有的功能。不仅如此,欧美大学的农业工程系在注重教授自然科学的同时,人文社科知识也贯穿学科教育的始终,毕业生不仅获得宽厚基础知识与技能,团队意识和综合素质也显著得到强化,非常容易就业。

(3)相关学科知识的积累加速学科领域的拓展

由欧美农业工程学科发展历史来看。学科早期研究主要集中在农业机械、机械学、农业机械测试和标准化领域。"二战"之前,电力工程、机械工程与土木工程等技术相继应用于农业生产,推动了农村电气化、农田排灌和水土保持等分支学科研究领域的发展,并一直延续至 20 世纪 60 年代。

60 年代以后,农业工程学科研究领域开始拓展。如动植物在人工控制环境下的栽培和饲养,农场废物的处理,农业能源,农场的规划和经营管理问题等,这些都是以前所没有的,其中有一部分是由于农业发展而新提出来的。20 世纪 60 年代末期,学科发展进入快速轨道,研究对象愈发广泛,生物工程、电子技术与电子计算机进入人们研究视野。到 20 世纪 70 年代,农业工程研究领域已广泛涵盖动力与机械、农业机械化、农用建筑、水土保持、灌溉与排水、农产品加工、土地利用工程、农村能源工程、农业系统工程与电子计算机技术及遥感技术在农业上的应用等多个领域。学科研究从由零散到系统、从简单到复杂,在不断吸收相应学科研究成果的基础上学科研究领域得到丰富与拓展,每个新领域的产生都表明学科知识积累跃升至一个新台阶。

(4)学术期刊及标准技术文献等出版物的创立

ASAE 初创时期,J. B. Davidson 等已经意识到出版学会相关技术文献在获得学科独立性地位方面的重要性。1907 年学会成立时的首个研讨令即出版了其第一份会刊,论文作者包括来自政府、科研院所、高校、企业及其他相关学会/协会,会刊的出版为政府、企业与高校部门搭建了一个很好的交流平台。创刊初期,受经费及人员等因素制约,刊物出版并未常态化。经过多年探索与酝酿,1920 年,学会专业期刊 *Agricultural Engineering*(1994 年更名为 *Resource Magazine*)以月刊的形式正式出版发行,对促进农业工程理论与技术传播产生了重要影响(见表 4-2)。1959 年 *Canadian agricultural engineering* 创刊,2000 年更名为 *Canadian biosystems engineering* 对北美农业工程学科建设及繁荣发展起到了一定的促进作用。1949 年英国农业工程师学会（IBAE，成立于 1938 年）会刊 *Journal of the Institution of British Agricultural Engineers* 正式发行，1971 年停刊；但创刊于 1956 年的 *Journal of agricultural engineering research* 继 2002 年更名为 *Biosystems engineering* 后延续至今。意大利农业工程学会会刊创办较晚，*Journal of Agricultural Engineering* 于 1986 年创刊并发展至今。相比英意两国，国际农业工程学会 CIGR 尽管成立时间较早，但其会刊 *Agricultural Engineering International：CIGR Journal* 创刊最晚，于 1999 年开始出版发行。与其他学术团体相比，经过百余年的发展，ASAE 学会已成为世界上最大的农业工程技术出版机构之一，出版 6 种技术期刊（后 2 种生物工程类期刊是 2005 年学会更名为 ASABE 之后新增）、大量的图书（包括教材、专著等）、年鉴、技术报告、各种会议纪要、学术论文单行本等。

表 4-2　欧美农业工程学会出版的主要学术期刊

出版机构	创刊名称	发行时间	现刊名称	改刊时间
ASAE（ASABE）	Agricultural Engineering	1920-1994	Resouree Magazine	1995-
	Transactions of the ASAE	1958-2005	Transactions of the ASABE	2006-
	Applied Engineering in Agriculture	1985-		
	Journal of Agricultural Safety and Health	1995-		
	Biological Engineering	2008-		
CSBE	Canadian agricultural engineering	1959-2000	Canadian biosystems engineering	2001-
IAgrE	Journal of agricultural engineering research	1959-2000	Biosystems engineering	2002-
	Journal of the Institution of British Agricultural Engineers	1949-1957	Journal and proceedings of the Institution of British Agricultural Engineers	1958-1959
			Journal and proceedings of the Institution of Agricultural Engineers	1960-1971
ISAE	Journal of Agricultural Engineering	1986-		
CIGR	Agricultural Engineering International：GIGR Journal	1999-		

不仅如此，ASAE 在创建之初就高度注重技术标准的制定工作。1909 年，由 J. B. Davidson 担任主席，与三名拖拉机专业领域和三名农业机械专业领域专家共同组建了农业工程标准专业委员会。1913 年，学会首个标准"Conventional Signs for Agricultural Engineers"（即后来的 ASABE Standards Engineering Practices and Data)正式出版,首个标准规范了农业工程技术领域常用的一些符号。ASAE标准委员会成立至今,颁布各类标准上千项(2013年9月所发布的ASABE标准主题索引共收录1147项),广泛涉及农业装备的设计制造、测试方法、装备安全、管理、设计用符号、术语与指南等,以及灌溉与排水、电力应用、农用建筑、畜禽养殖与废弃物管理、生物能源等领域。通过组织或参加制定农业工程技术规范和标准,ASAE积极开展国际标准化活动,其制定的标准广泛而深刻地影响了世界农业工程技术的发展。

欧美农业工程学术团体形成至今,一直致力于发展农业工程及其有关领域的科学技术探索,推动农业工程科学研究和教育的发展。到目前为止,ASABE、CIGR及EurAgEng均已发展成为集技术、教育及研究于一体的国际性非营利教育和技术组织。

(5)农业工程技术创新促进欧美传统农业向现代农业转变

南北战争前后至1910年,大批农民涌向美国西部荒地垦殖,耕地面积迅速扩大,劳动力的不足促进了对农业机械的需求。铁犁、圆盘耙、谷物播种机、收割机、脱粒机等各种畜力牵引的农机具相继获得专利授权,并逐渐取代了落后的锄头、镰刀和构等生产工具。

在欧美农业现代化进程中,拖拉机技术创新改写了欧美农业机械化发展史。1901年,美国人CharlesW. Hart和CharlesH. Parr成功制造了首台内燃机驱动拖拉机,即哈特—帕尔拖拉机,并于1903年在爱荷华查尔斯城创办了首家拖拉机公司。同期,瑞典、德国、匈牙利和英国等欧洲国家几乎同时制造出以柴油内燃机为动力的拖拉机。"一战"期间,劳动力不足和农产品价格上涨,促进了农用拖拉机发展。农机企业间的竞争促进了拖拉机设计、制造等领域的创新,封闭式变速箱拖拉机、小型牧场专用带有辅助发动机的联合收割机相继被使用,轻型拖拉机开发成功。

在北美,1925年以后,美国拖拉机逐步取代畜力,在农用动力中占据主要地位。至20世纪30年代,全功能、橡胶轮胎、带有配套作业机具的拖拉机出现,极大提高了轮式拖拉机的行驶和牵引性能。1945年,以拖拉机代替畜力和许多新技术的使用为特征的第二次美国农业革命开始,谷物联合收割机、中耕机、玉米摘拾机、载重汽车相继投入使用,谷物生产基本上实现了农业机械化。美国农业从1910年开始使用农用拖拉机,到1945年谷物生产基本实现农业机械化,仅仅用了30多年时间,农业工程技术创新功不可没。到1951年,加拿大拥有拖拉机的农场已占农场总数的55%,拥有电力服务的农场已达51.3%,也基本实现了机械化。

在欧洲,两次世界大战的相继爆发使欧洲农业受到重创,但"二战"之前世界农业危机的爆发加剧了欧洲对农业工程技术的需求。以英国为例,"二战"使英国粮食进口受到重创,加剧了国内扩大农业生产规模和增加粮食产量的需求。1938 年,IBAE 成立后的短短几年,拖拉机及其配套农机具得到广泛使用,与作物生产、收获及其收获后处理的农业工程技术得到了快速发展,农业工程技术在畜牧业及其园艺生产领域的应用得到普及。相比美英两国,"二战"前法国还处于畜力牵引与手工劳动为主的半机械化状态:农业机械主要是由畜力牵引,其中马拉农机最为显著。1929 年,法国畜力牵引的割捆机保有量达 42 万多台,割草机138.8 万台,播种机 32 万多台,施肥机 11.9 万台,此外还有效率大为提高的各种整地机具。这一阶段农业机械动力也有所增长,蒸汽机增长到 2.18 万台,内燃机增长到 15 万台,电动机为 15.9 万台,手扶拖拉机和拖拉机共 2.6 万多台。但拖拉机都装着铁轮,总体情况比较落后,因此在农业机械使用中所占的比重很小。拖拉机的普遍使用是法国种植业机械化全面实现的标志之一。"二战"结束后的年间,法国拖拉机拥有量以惊人的速度增长,1955 年基本实现农业机械化。到 20 世纪 50 年代中期,北美与西欧多数国家与地区拖拉机已取代了牲畜,成为农场的主要动力,谷物生产基本实现机械化。

欧美农业工程学术团体及高等教育体系的建立与发展,标志着学科的成熟。学科发展有力推动了农业工程技术创新及在农业生产中广泛应用,农业工程技术从最简单的手工农具进化至复杂的现代化联合收割机等自动化装备。至 20世纪 70 年代,欧美各国相继实现农业机械化与现代化,农业所需的几乎全部动力均由机械牵引提供,农田耕作已全部实现机械化,植保、排涝等其他农业机械也得到普及。在此期间,工业化技术与社会需求共同推动学科从起步走向全面成熟。

3. 20 世纪中叶至今

20 世纪 70 年代以来,传统农业工程学科理论已不能够满足社会发展需求,学科专业学生就业机会减少,入学人数显著下降,学科发展陷入危机。而在同一时期,以原子能、电子计算机、空间技术和生物工程为主要标志的第三次工业革命开始。在第三次工业革命的推动下,农业工程领域也开始孕育一场新的科技革命。这场革命以现代分子生物学为理论基础,以信息技术、生物技术、空间技术、新能源和新材料为手段,衍生出诸如人体工程学、农业系统工程、计算机辅助设计、生物工程、生物能源等许多新的研究领域,为学科发展带来新的机遇。

（1）新需求推动学科向现代农业工程转变

ASAE 成立之初是以促进农业机械化发展为基本目标,但早期已有一些会员意识到生物学研究在农业领域的重要性。

早在 1937 年,美国俄亥俄州立大学的 C. O. Reed 教授就指出:"农业工程之所以有别于其他工程学科,在于它是基于生物的工程(Engineering of Biology),是一门独一无二的基于生物细胞中的能量转换与传递的工程技术学科"。鉴于当时美国国内对农业机械化的强烈需求,C. O. Reed 的观点并没有引起学界更多的重视。直到 20 世纪 60 年代初,美国实现农业机械化以后,受经济不景气、专业学生入学率降低及教育资金下降等因素影响,社会对农业工程学科专业的关注度有所下降。1960 年,美国北卡罗来纳州立大学的农业工程系主任 GW. Gills 教授又一次提出:"物理学与生物学之间的数学关系是我们建立高级农业工程系统的基础,农业工程学科与其他工程学科的区别在于我们是基于生物科学的工程学科"。与多年前相比,此时人们对生物工程这一名称的认同感有所加强,尤其是在高校工作的研究人员。1966 年,ASAE 成立了生物工程委员会,旨在进一步拓展农业工程学科向更广泛、更深变革,推进传统农业工程向生物工程学科转变。

北美院校学科调整起步较早,1965 年,北卡罗来纳州立大学农业工程系首个更名为"生物与农业工程系"。1968 年,密西西比州立大学农业工程课程内容中增设生物工程课程。1969 年,加拿大圭尔夫大学农业工程系首开生物工程专业。20 世纪 80 年代末,为适应学科内涵的变化,欧美国家高校纷纷调整农业工程院、系或专业名称,以反映其学科领域内各自不同的研究方向和教学重点。20 世纪 90 年代,美国农业工程界将农业工程学科从原来基于应用的工程类学科向基于生物科学的工程类学科转变的改革方向达成普遍的共识 1993 年 ASAE 做出一项重大决定:进行学会成立以来首次名称调整,新的名称被命名为美国农业、食品与生物系统工程学会(The Society for the Engineering of Agriculture, Food, and Biological Systems)。受此影响,北美高校农业工程系纷纷更名为农业与生物工程系或生物系统工程系,具有生物科学知识的农业工程师们获得就业机会并一直保持在工程类就业平均水平以上(图 4-1),薪资一度高于工程类专业平均水平,学科转向生物工程后的发展优势逐渐显现。

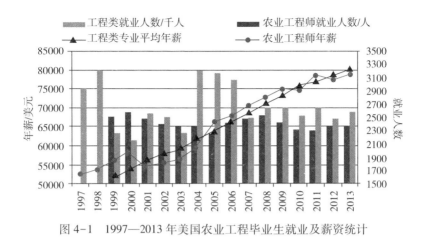

图 4-1　1997—2013 年美国农业工程毕业生就业及薪资统计

目前全美 49 所相关院校（不包括专科及社区学院），除 Tennessee Technological University 在工学院设立本科农业工程技术专业，授予农学学士学位以外，其他 48 所院校全部实现了农业工程系名称的调整（见表 4-3），涉及 22 种不同的表达。除瓦利堡州立大学与威斯康星大学河瀑校区仍保留有农业工程与农业工程技术名称外，其他院校名称集中在生物与农业工程、农业与生物工程、农业与生物系统工程、生物系统工程、化学与生物工程、生物系统与农业工程及生物工程，剩余 13 所院校系的名称各异。尽管系名表面看来各异，但仔细分析不难发现，这些名称多集中在几个主要字段：农业工程、生物、生物工程、生物系统工程、环境工程及资源。48 所院校中，包含有"农业工程"一词的系名多达 14 所，表明美国的农业工程学科尽管已经转型，但传统的农业工程领域的研究仍然没有消失，而是借由学科交叉在向新的领域拓展。2006 年以来，除阿尔伯塔大学之外，经加拿大工程认证委员会（CEAB）认证的其余 6 所院校的农业工程专业名称已全部调整为与生物相关，学科拓展方向得到进一步明确。

表 4-3　北美主要高校农业工程院系调整后的名称

名称	数量	名称	数量
Biological & Agricultural Engineering	8	Biological and Ecological Engineering	1
Agricultural and Biological Engineering	5	Biological and Environmental Engineering	1
Agricultural and Biosystems Engineering	5	Bioproducts and Biosystems Engineering	1
Biological Systems Engineering	5	BioResource & Agricultural Engineering	1
Chemical and Biological Engineering	4	Biosystems Engineering & Soil Science	1
Biosystems and Agricultural Engineering	3	Environmental Engineering & Earth Sciences	1

名称	数量	名称	数量
Bioengineering/Biological Engineering	3	Environmental Resources Engineering	1
Agricultural Engineering	1	Food,Agricultural and Biological Engineering	1
Agricultural Engineering Technology	1	Molecular Biosciences & Bioengineering	1
Chemical,Biological and Bio Engineering	1	Environmental Sciences	1
Biological and Agricultural Systems engineering	1	Plant,Soil,and Agricultural Systems	1
Bio-resource Engineering(Canada)	2	Biological Engineering(Canada)	2
Biosystems Engineering(Canada)	1	Agricultural and Bioresource (Canada)	1

欧洲农业工程学科的创建显著滞后于北美,学科向生物系统工程实践起步也比较晚。在英国,由于第二次世界大战造成劳动力与农产品短缺,战后农业生产与农业机械化的迅速发展对农业工程高级技术人才提出迫切需求。1960 年,英国国立农业工程学院(National College of Agricultural Engineering,简称 NCAE;1975 年并入 Granfield Institute of Technology,后来更名为 Cranfield University)创建,英国正式有了农业工程高等教育。此后,纽卡斯尔大学、诺工翰大学。瑞工大学、爱丁堡大学及哈勃亚当斯大学等相继设立农业工程系。英国的农业工程学科早期与美国一样是以农业机械化为主,且英国的农业工程教育是在农业机械化大发展的基础上才发展起来的,所以在学科内容上更强调与农业机械应用有关的农机与土、水、作物之间的关系。由于英国本土面积较小,对农业工程本科人才需求不多,多数院校相继撤销农业工程专业。21 世纪以来,仅克兰菲尔德大学与哈勃亚当斯大学保留有农业工程专业。在希腊,20 世纪 50 年代初,创建农业工程专业的议题被提上雅典农业大学的日程。经过广泛的讨论,1963/1964 学年度,农学院创建农业工程专业。1989 年设为独立的农业工程系,下设"Water Resources Management","Soil Resources Management"与"Structures & Mechanization"三个专业方向。

2006 年,亚特兰提斯计划(EU-US Atlantis Programme)启动,欧盟借鉴美国生物系统工程学科发展经验,引导欧盟各国农业工程学科向生物系统工程转变。到目前为止,尽管农业工程学科最终会走向生物工程学科已得到多数欧盟国家的共识,但仍有相当一部分国家并不认可农业工程学科已经到了必需改变的阶段。ERABEE-TN 的 33 所成员中,法国图卢兹农业高等教育学院、德国霍恩海姆大学、葡萄牙埃武拉大学、英国哈珀亚当斯大学、西班牙莱昂大学和马德里理工大学 6 所大学仍保留有传统农业工程系或农业工程专业,33 所系名中仅有 4 所院校包含生物系统字段,有 10 所院校开展生物系统工程领域研究,生态与环境工程字样未有体现,欧盟农业工程学科的调整仍处在探索转型阶段。

（2）专业结构重构呈现出多元化新特色

学科的变革因社会需求而改变,通过及时而灵活地调整教学和研究内容来主动适应由农业生产新发展而引起人才市场需求的变化。学科调整前北美大学多数农业工程系一般设有"农业工程"和"农业机械化"两个专业。传统农业工程调整后多更名为生物工程,农业与生物工程,食品、农业与生物工程,生物系统工程,生物系统与农业工程,生物环境工程,生物资源与农业工程。农业机械化多更名为农业作业管理,农业系统管理,农业系统技术,农业技术管理,农业技术与系统管理,机械化系统管理及技术系统管理等。

学科名称变革的同时引发了专业结构的调整。美国高校专业结构的调整主要包括两种类型:一种方式是保持传统专业结构模式,调整相关专业名称与专业方向。如伊利诺伊大学香槟分校,原农业工程调整为农业与生物工程专业,设置包括农业工程与生物工程两个方向;保留传统的农业机械化、市场与技术系统管理及农用建筑管理,增设了环境系统及可再生能源系统等新方向。另一种方式是新增专业,重构专业结构与方向。如宾夕法尼亚州立大学新增食品与生物工程、自然资源工程两专业,农业工程涵盖原农业机械化专业方向,食品与生物工程专业下设食品工程、微生物程与生物能源(包括药物微生物系统、可再生能源、生物质转换、维生素与保健品、食品安全)三个专业方向,自然资源工程设非点源污染环境保护一个专业方向。爱达荷州立大学保持农业工程与农业系统管理两专业的基础上,增设生物能源工程、生物系统工程、生态水文学工程与环境工程四个专业。

与中国高校学科专业设置机制不同,欧美高校专业设置具有较大自主权,专业设置弹性和发展空间较大。以美国为例,受"赠地大学"特殊身份影响,不同院校需立足于自身条件和特色,从竞争优势角度出发,发展自身特色专业,形成区域错位竞争;同时,不同院校专业设置的宽窄与该校教师研究领域的专长直接相关。由于不同院校专业设置各有侧重,有效避免了高校专业的趋同和单一现象,多元化的专业特色,充分满足了社会对不同类型人才的需求。

（3）跨学科教育与管理推动学科知识创新

伴随着科学的快速发展,不同学科间传统的分界逐渐被打破,知识呈现出更多的流动性和渗透性,跨学科教育已成为知识融合与创新的一种新趋势。欧美高校跨学科教育一般通过院、系甚至不同学校、地区的合作,共同提供跨学科、跨领域知识平台,让学生有更多机会学习不同学科知识,拓宽学生研究领域,使学生具备更多竞争力。

1999 年《博洛尼亚宣言》签署,欧共体国家宣布统一教育结构和学位体制,包括创新学科课程体系,促进了欧洲农业工程学科的发展。2002 年成立的 USAEE-TN 就欧洲各国农业工程学科学位教育、核心课程设置情况与学科质量评估等内容进行了探索性研究。2008 年更名为 ERABEE-TN 后,一直致力于欧洲传统农业工程学科的调整及调整后生物系统学科教育及课程体系的构建及推进工作。受博洛尼亚进程影响,欧洲各国传统的封闭型人才培养(学徒式)模式正在改变,不少欧洲大学在尝试跨专业教师合作授课、跨专业合作办学、应用其他专业领域的理论与方法进行教学等,从封闭走向开放的人才培养方式正在影响着跨学科教育的创新。

在美国,农业与生物工程学科归属学院管理有两种格局,一种是学院单独管理运行,另一种是跨学院共同管理。学院单独运行管理主要集中在各大学的农学院或工学院中,其中农学院(包括以农学为主的学院)占近 32%,工学院 26%,农学院仍占主导地位,还有 2 所与环境科学相关的学院;跨院共同管理主要以农学院与工学院合作管理为主。与高良润早在 1980 提到的农业工程学科归属工学院、农学院管理各占 36% 相比,跨学院合作管理增长 10%。跨院合作有效促进了学科新研究领域与研究方法的产生,顺应了社会对新型农业工程人才的需求。

2006 年,美国伊利诺伊大学香槟分校在其农业与生物工程系(简称 ABE)"2006~2011 年战略规划"中提出,农业生物工程研究领域应广泛涵盖农业、食品、环境与能源四个领域,ABE 的核心领域应包括生物加工与生产系统、生物质与可再生能源、精准农业与信息农业、农业与生物系统管理、农业安全与健康、食品质量与安全、环境管理、土水资源、空间分布系统、生物系统结构与设施、室内环境控制、生物传感器、生物仪器、生物计量学、生物纳米技术、智能机器系统、生物系统自动化及高级生命保障系统。规划同时指出,学科成功转型的关键在于一方面是教师队伍的建设,另一方面是新学科教育与研究内容系统的构建,规划提出涵盖自动化、生物、环境和系统(Automation -Culture-Environment-Systems,简称 ACESys 范式)四个主要领域的学科发展范式(图 4-2)。新学科系统的构建要求教师团队具备不同的专业背景,包括自动化、生物学、环境工程学及系统工程学,教师间的相互协同是学科发展的重要支撑。

历经 30 余年的探索,北美农业工程界就农业工程由基于应用的工程类学科向基于生物科学的工程学科达成了共识,农业与生物工程、生物系统工程等新的学科名称被广为认可。2005年,ASAE与CSAE相继更名为ASABE和CSBE。2008年,CIGR英文名称由"International Commission of Agricultural Engineering"更名为"International Commission of Agricultural and Biosystems Engineering",USAEE-TN正式更名为ERABEE-TN,以此反映农业工程在21世纪面临的新发展趋势,标志着欧美发达国家实现了传统农业工程学科向农业/生物系统工程学科的跨越,学科发展由危机期、革命期进入新一轮的学科成长时期。学科与经济、社会、环境相协调及可持续发展理念得到广泛认同,生物、信息及能源等多学科交叉与融合趋向更为显著。

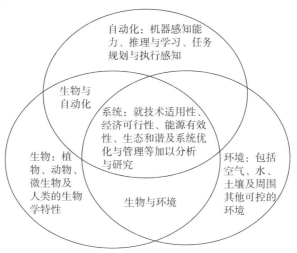

图4-2 农业与生物工程学科的未来

二、中国农业工程学科发展的阶段性特征

1. 新中国成立以前

（1）辛亥革命前欧美农机工业成果输入中国但效果甚微

二次工业革命初期,欧美工业技术突飞猛进,冶铁工艺与机器制造业的崛起推动农机制造的迅速发展并引发技术外溢。19世纪末,西方农机工业成就开始通过各种渠道进入中国,外国农机厂商竞相来中国推销产品或带机,具来中国垦荒,经营农业。在技术输入的同时,大量国外文献被翻译并出版。创刊于1897年5月《农学报》在其汇编的《农学丛书初集》中登载了选译自法国的《农具图说三卷》,在《农学丛书六集》中刊载了日本的《农用器具学》,内容广泛涉及耕整地、播种、施肥、收获、脱粒与运输等农业生产各环节的先进机具。

鸦片战争后兴起的洋务运动、维新运动和晚清新政开启了中国早期工业化进程,但早期以纱厂与面粉产业为代表的轻工业的兴起并未给中国农业带来革命性的变化。据统计,1905 年占中国农田总耕地面积一半以上的耕地为租赁经营,家无一亩之地的贫农占农村人口的 70%~80%。细小分散的佃租制以及现代科学与工业基础的匮乏阻滞了农业工程科技成果在中国的传播。

(2)美国农业工程理论与技术的引进引发农业机械化热议

1927 年,中国农业机械化工程学科创始人蹇先达在《中华农学会报》发表"农业工程学研究之必要"一文,提出,"我国农业生产量至低,劳动力至重,而生活至苦,若能应用农业工程学,以谋改良,或可以救助万一。"农业工程学一词首次为国人所认识,农具学等理论相继被介绍至中国。20 世纪 40 年代以后,以拖拉机为代表的农业工程技术逐步推动美国谷物生产基本实现机械化,美国农业工程教育与科技的成功使其在世界范围内的带动效应开始显现,围绕美国农业机械化运动的研究报道显著增多,引发国人对中国如何实现农业机械化更深入的思考,中国农业机械化之可能、中国农业机械化之商榷、中国农业机械化之可能贡献、农业机械与农具改良等讨论与研究变得异常活跃。

在深入分析美国成功经验基础上,农地狭小而分散是制约中国农业机械化发展的重要因素成为基本共识,集小农田为大农场中国方可达到农业机械化等主张被提出。1946 年,马寅初在其"工业革命与土地政策"一文中详细论述了工业化与土地革命及农业机械化之间的相互关系,指出工业化不仅指工矿、交通、运输各方面而言,农业工业化同样很重要,机械工业与农业相辅相成,且农业机械化为工业化之必然结果。以机械替代人工,不仅可以抵消农业人口之减少,并且可以提高农夫之生产力。但今日之小块农田,不适用于机械化,唯有集小农田为大农场,方可达到农业机械化之目的。1947 年,由美国农业工程委员会委派 JB. Dayidson 等四名专家来华指导中国农业工程教育与科研工作,金陵大学与国立中央大学农业工程系相继创建,并于 1948 年开始招收四年制本科生。可以说,民国期间对于要不要以及如何发展农业机械化、如何发展农业工程学科教育已经有了一定的认识,但农业工程技术与教育并未在中国真正开花结果。究其原因有如下几点。

一是佃租制土地经营制度下,土地所有者收租盈利,对新技术需求不足。民国期间,中国耕地分配不均,农田多集中于大地主之手。从生产力的角度来看,耕地的集中有利于集约经营和机械化生产,但实际上拥有绝大多数土地的地主与富农不直接参与农业生产,对土地改良与先进农机具的使用并不关心,而直接参与农业生产的贫雇农又无资本购置和使用先进技术,制约了新式农机具的推广与应用。

二是农机生产原料奇缺、生产手段落后,农机工业几近空白。据中美农业技术合作团 1947 年发布的调查报告称,当时中国农村手工具大都由当地工匠以生铁、木头和竹子制成。分布各地的铁工铺制造农机具所需的铁块、软铁与硬铁等原料奇缺,多以碎铁为主,且使用的铁砧等工具质地差,设计与生产能力很低。在 80%以上人口皆从事农业的旧中国,农民所使用的农具无论是种类还是数量实在不足以提高农业生产力,实现农业机械化更无从谈起。

三是尽管农业工程教育开始起步,但仍未形成固定的研究群体,能够凝聚研究人员力量的专业学会还没有建立,学科理论与研究内容主要以引进与介绍国外经验为主,远没有形成适合国情的系统的学科理论体系与方法。因此,学科处于以引进、积累为特征的前科学时期。

2. 新中国成立后的前三十年

新中国成立之初,中国采取"一边倒"政策,全面模仿与引入苏联教育模式。为满足农业与农业机械化发展需求,苏联在 20 世纪 20 年代初开始设置被认为是农业工程分支学科的农业机械化、电气化、水利与土壤改良、农业机械设计与制造、农业建筑和饲料工业等专业学院或研究所。实际运行中,无论是学科研究、教学、学科专业方向,还是学院及专业研究机构的事业和经费分别属于不同政府部门管理,对学科专业的农业工程属性缺乏重视,由此导致学科专业发展走向过度专业化,最终其并未正式建立农业工程学科。中国农业工程学科的创建与发展深受其影响,学科发展主要呈现以下特征。

（1）建立高度统一计划招生体制并创建学科专业目录体系

旧中国高等学校共有 206 所,其中大部分是私立学校和外国教会开办的学校,教育模式效仿自美国,在院下面按照大学科设置系,系的下面不再细分。学校均实行单独招生考试,自行决定招生专业、招生数额和招生要求。

新中国成立初期(1949～1951),是中国高校招生的过渡时期。为进一步适应国家建设需要,避免单独招生出现入学率偏低等弊端,人民政府陆续接管旧大学,对旧的教育制度进行了改造,学校由单独招生逐渐过渡为联合招生。1950 年5 月 26 日,中央人民政府教育部发布了新中国第一份高等学校招生考试文件《关于高等学校一九五〇年度暑假招收新生的规定》,鼓励高校进行联合招生。1951年,在总结上年招生工作的基础上,全国五大行政区普遍实行了大行政区域范围内的高等学校联合统一招生。为解决大行政区域范围内的统一招生所带来的不同区域的生源在录取时互相之间难于调剂的矛盾等,在两年大行政区联合招生的基础上,建立了全国高等学校统一招生的制度,并开始仿照苏联高校专业目录在系的下面设置专业,专业目录由国家统一制定,高校按国家要求统一计划招生和分配。1952 年 4 月 30 日,教育部首次发布全国高等学校招生计划,即《一九五二年暑期高等学校招生计划》。6 月 12 日,又发布《关于全国高等学校一九五二年暑期招收新生的规定》,全国高等学校实行统一招生、统一考试全面启动。1953 年,全国高等学校招生委员会出版《1953 年暑期高等学校升学指导》,首次就全国招生学校、招生系科及专业、专业培养目标及课程设置等进行了系统与详尽的规定,并连续发布至 1964 年。

1952 年始,中国开始仿照苏联高校专业设置模式构建自己的专业目录体系。1954 年 11 月,《高等学校专业目录分类设置(草案)》发布试行,(草案)以同期国家建设需要的十一个部门(工业、建筑、运输、农业、林业、财政经济、保健、体育、法律、教育、艺术)为分类依据,按照"部门"→"类"→"专业"三个层级设置专业。农业工程类专业名称的命名主要以产品和职业为依据,技术应用特色较为明显,如工业部门、普通机械类专业名称包括农业机械、汽车、拖拉机(见表 4-4)。作为一种制度,专业目录分别在两个层面上推进了政府对高等教育的管理:一是在微观层面上,通过把大学课程组合刚性化、行政化,以及对大学课程基本要素的干预,加强了政府权力在基层的渗透;二是宏观层面上,通过颁布专业目录,进行专业布控,实现了政府在高等教育资源与学术资源上的宏观控制。

表 4-4　(草案)与《通用目录》中农化工程相关专业

类别	类目	新专业编号	1963 年《通用专业目录》	1954 年(草案)
工科 (工业部门)	5 机械	010519	农业机械	9 农业机械
		010520	汽车拖拉机	—
		010521	汽车	20 汽车
		010522	拖拉机	21 拖拉机
		010540	汽车拖拉机运用及修理	—
	12 土木建筑工程	011214	农田水利工程	—
农科 (农业部门)		020017	农(牧)业生产机械化	154 农业生产机械化
		020020	农田水利	155 水利土壤改良
		试农 005	农业电气化(试办专业)	

　　1958—1960 年,随着高等院校数量的激增,专业设置数量猛增,导致高校教育出现混乱状态。1963 年,在"调整、巩固、充实、提高"的方针指导下,教育部提出"宽窄并存,以宽为主"为原则,适当调整专业的范围,统一专业名称。同年 7 月,国家计划委员会与教育部联合颁布新中国首个由国家统一制定的《高等学校通用专业目录》(以下简称《通用专业目录》)。《通用专业目录》改变过去以行业部门作为专业设置的依据,首次采用学科与行业部门相结合的专业门类划分方法,规定了统一的专业名称,并对部分专业名称进行了归并与必要的订正,初步形成了适应国民经济发展需求的专业体系。同时,农业工程类专业设置密切结合农业生产需求,新增汽车拖拉机运用及修理、农业电气化(试办专业)。但是由表 4-4 数据不难看出,《通用专业目录》仍存在专业划分过细、口径过窄及设置重复的现象,如机械类在原有农业机械、汽车、拖拉机专业的基础上又新增汽车拖拉机专业。

　　新中国成立至 20 世纪 70 年代中期,中国建立了高度统一的计划招生体制,形成以专业教育与实践能力培养为主的"专才教育"模式。结合当时农业生产需要,农业工程高等教育专业目录体系初步形成,规范了人才培养机制。但不能忽视的是,受当时社会、经济及技术等历史条件制约,学科专业目录在制定过程中也存在一定问题,如专业普遍划分较窄,甚至有许多是按行业、产品甚至是按工种设置,导致所培养人才的知识面过窄、结构不合理。后期又受"大跃进"等思想影响,专业目录重复设置和随意设置现象比较严重,严重影响学科建设的正常发展。

　　(2)全面模仿苏联专业化教育模式相继创建各分支学科

　　1952 年 5 月,第一次全国高校院系调整正式启动,农学院从综合大学中被分离出来,中国开始全面"复制"苏联农业工程分支学科模式,包括如下几点。

　　一是农业机械化。1952 年 7 月,金陵大学和南京大学两校农学院合并,成立南京农学院,将原农业工程系改为农业机械化系,内设农业生产过程机械化专业。10 月,参照莫斯科莫洛托夫农业机械化电气化学院模式,北京农业大学农业机械系与华北农业机械专科学校、中央农业部机耕学校合并成立新中国第一所农业机械化专业高等院校——北京机械化农业学院,设农业机械化系、农业生产过程机械化专业的 4 年制本科及 2 年制专科,并设为期 1 年的研究生班。同年,东北农学院、南京农学院扩充农机专业,西北农学院、西南农学院、华中农学院、华南农学院及浙江农业大学等新设农业机械化专业。到 1958 年底,全国有 31 所院校设有农业机械化专业。农机(拖拉机)设计制造。1951 年 11 月,原教育部在北京召开全国工学院院长会议,提出全国工学院进行院系调整。为了培养农业机械设计制造与拖拉机设计制造人才,1955 年,由上海交通大学、华中工学院(现华中科技大学)、山东工学院部分专业调整合并,成立长春汽车拖拉机学院,首开农业机械设计制造专业。同年,在南京工学院、天津大学和清华大学等高等工科院校中开始设立农业机械设计制造与汽车拖拉机设计制造等专业。1958 年,以农机类专业为重点的镇江农机学院、武汉工学院、内蒙古工学院、洛阳工学院和安徽工学院相继成立,并设农机设计制造专业,与北京农业机械化学院、长春汽车拖拉机学院同被列为农机部重点院校,为加速培养国家农业现代化急需农机科学研究、设计制造及运用管理人才做出了重要贡献。

二是农田水利。农田水利是中国起步最早的农业工程分支学科。早在 1932 年,李仪祉先生在陕西武功创建了陕西省水利专科班,是中国首个培养农田水利人才的高等教育机构,后并入西北农学院农田水利系。1952 年,根据中南区全面调整高等院系方案,中南地区的广西大学、南昌大学、湖南大学及湖南农学院等 7 所院校的水利系科的师生和设备,先后调入武汉大学,成立武汉大学水利学院,设农田水利系。1954 年 9 月,武汉大学水利学院从武汉大学分离建院。同年 12 月 1 日,经国务院批准,将华东水利学院、天津大学、河北农学院和沈阳农学院 4 校的水利土壤改良专业并入,成立了以水利土壤改良专业为重点的武汉水利学院。在借鉴与吸收苏联水利土壤改良理论和经验基础上,至 20 世纪 60 年代,中国农田水利的专业体系逐步形成。

三是农业电气化。农业电气化在农业工程分支学科中形成最晚。1958 年,北京农业机械化学院突破原有专业结构模式,新增农业电气化专业,成为中国首个开设农业电气化专业的院校。1960 年,教育部编制的《1960 年高等学校招生专业介绍》首次将农业电气化列入招生专业目录。1963 年 7 月,国家计划委员会、教育部联合颁布《高等学校通用专业目录》,在原有农(牧)业生产机械化、农业机械设计制造、农田水利等专业基础上,该目录将农业电气化增设为 7 种试立专业之一。自此,农业工程高等教育专业设置做到了有章可循。至 1965 年,多数农机学院及农业院校设置有农业生产机械化、农业机械设计制造、农田水利及农业电气化等专业。

可以这么认为,中国农业工程学科教材是在建国初期全国高校院系调整基础上发展起来的,学科从涵盖农业机械化和农业装备制造业的农业机械化工程学科和服务于农田水利工程的土木、水利学科开始,逐渐拓展至农业电气化,分支学科的形成与发展为学科的创建奠定了基础。

(3)改革课程体系与加强师资培养,全面实施教育教学改革

1953 年,教育部部长马叙伦在华北地区各高等学校负责人座谈会上提出当年高等教育建设的具体任务以学习苏联先进经验、进行教育改革、提高教学质量为中心环节。遵照中央和上级教育部门的指示,全国高等院校开始全面学习苏联教育教学经验。

一是修订教学计划、教学大纲与教材,加强课程体系建设。以苏联高等教育的办学模式为蓝本。制订新的教学计划;参照苏联教学与实习大纲制定各门课程新的教学大纲及实习大纲;选择高等教育部组织翻译出版的苏联教材及其参考书作为高校教材试用本。以北京农业机械化学院为例,当年农业机械化专业开设的 28 门课程中,9 门为翻译的苏联教材,另有 9 门参照苏联教材编写讲义。参照苏联教学计划,课程体系明确划分为基础理论课、专业基础和专业课在新的农业机械化教学计划中安排了教学实习(包括驾驶学习、金工实习及认识学习)、机耕学习、麦收学习及大修学习等大量实践教学环节与时间,与农业生产紧密相连。在整体教学过程中,充分强调理论与实践的结合,注重学生独立工作能力的培养。

二是外派教、学生赴苏留学与进修,加强师资培养。为加强师资力量和加快农业建设步伐。各院校在组织师生突击学习俄语的同时,按照上级教育主管部门的要求,开始有计划地派遣教师、学生赴苏留学、进修。据统计,1953~1962 年中国留苏农业工程类(包括农业机械、农业电气化及水利土壤改良)研究生、进修教师及实习生人数总计 36 名,占农科总人数的 14.3%(见表4-5)。留学归国人员成为学科创建与发展中又一支重要技术与师资力量。

表 4-5 1953—1962 年留苏农业工程类与技术、科研实习及进修生人数统计

专业年份	1953	1954	1955	1956	1957	1958	1959	1960	1961	1962	合计
农业机械化	1			11	1	1	7	2	2	1	26
农业电气化					1	2	1	1	1		6
水利土壤改良				3		1					4

三是聘请苏联专家到校示范与指导,全面推进教育教学改革。20 世气 50 年代中期,苏联专家在帮助中国进行农业工程高等教育改革方面给予了很大帮助。除传授本专业相关专业课程内容外,苏联专家充分发挥自身专业特长,通过对各教学环节的内容和方法进行讲解或示范、举办研究生班等多种形式,帮助培养师资队伍和培养研究生。1955 年,北京农业机械化学院相继聘请苏

联农业机械专家乌里扬诺夫、运用专家格罗别茨、修理专家安吉波夫和农业电气化专家布茨柯院士和鲁布佐夫等多位专家到校进行教学和指导工作。此外,苏联专家多兼任院系教学行政顾问,指导建立教研室和实验室,为学科教学管理及学科长远规划建言献策,对农业工程学科的建设与发展起到了积极的推动作用。

四是改革学科教育结构,研究生教育刚刚起步随即进入停滞。1953 年 11 月 27 日,高等教育部发出《高等学校培养研究生暂行办法(草案)》,明确招收研究生的目的是培养高等学校师资和科学研究人员,研究生一般通称为"师资研究生",要求研究生毕业后能讲授本专业的一两门课程,并具有一定的科学研究能力。1952~1956 年开办研究生班,学制 1~2 年(1955 年秋苏联专家到来后,开始招收四年制的副博士研究生)。以北京农业机械化学院为例,此阶段共培养了 79 名毕业生。1955 年 11 月,长春汽车拖拉机学院开设研究生班,首次招收拖拉机设计专业 7 名、机械制造工艺专业 5 名,共计 12 名研究生,另有 10 多位本校教师也参加了研究生班的学习,聘请苏联专家担任主要指导教师。1963 年 1 月,在教育部召开的第一次全国性研究生教育工作会议,讨论并通过了《高等学校培养研究生工作暂行条例(草案)》(以下简称《条例》)。《条例》明确规定了研究生的培养目标,业务上要求"深入地掌握本专业的基础理论、专门知识和基本技能,熟悉本专业主要的科学发展趋向,掌握两种外国语,只有独立地进行科学研究工作和相应的教学工作的能力"。1966 年"文革"开始,刚刚起步的中国研究生教育制度随即停滞。

伴随着新中国农业的社会主义改造,农业机械化进入行政强推发展时期。土地改革全面推开,农业生产得到一定恢复。但很快,小农经济积累能力偏低、手工工具普遍使用导致农业劳动生产率提高潜力不足,以及小规模经营扩大再生产能力有限等问题渐显。1955 年毛主席发表《关于农业合作化问题》一文,提出党在农业问题上的根本路线是,第一步实现农业集体化,第二步在农业集体化的基础上实现农业机械化。农业合作化运动开启,政府积极号召大搞农业建设、兴修水利,兴建农村小型电站,建设拖拉机站、机械化农场等国有企业,大力推广以机械化、电气化与水利化为代表的农业技术革命。至第一个"五年计划"结束,机械化农场数量翻了一倍多,拖拉机站的数量增长近 11 倍。经过土地改革、农业合作化及大跃进等一系列运动,中国从政治、经济和技术各方面都为加速农业技术改造准备了条件。至 20 世纪 50 年代末,中国农机工业体系逐步形成。

总体来看,改革开放前的 30 年间,国家模仿苏联模式,重点建设了相关分支学科。但是,一方面,在学科按照专业管理、部门所有的大环境下,行政干预在各分支学科的创建中占据主导地位。农业工程学科一体化研究与发展并未引起足够的重视;另一方面,对各分支学科的建设过度强调基础设施建设与具体工程技术在农业中的应用,尤其是依靠行政推动和资源大量投入优先发展农田水利工程、农业机械化与电气化建设,理论研究被忽视,"文革"时期更是令各分支学科教育与科研几近停滞,该阶段学科仍处于以引进、积累为特征的前科学时期。

3. 改革开放至今

20世纪70年代末"农业的两个转化"(即从自给半自给经济向较大规模的商品生产转化,从传统农业向现代农业转化)相继被提出,从教学、科研和农业生产等方面都反映出对农业工程需求的迫切性,在中国建立和发展农业工程学科之必要性被提上日程。

(1)社会力量积极推动下学科得以创建并走向正规

1957年《农业机械学报》创刊,1963年中国农业机械学会成立,农业机械化工程成为最先迈入常规发展期的分支学科,农田水利工程与农业电气化分支也得到了重点发展。20世纪70年代以前,在高等教育学科设置以及工农业科研与生产中,更为广义的农业工程概念一直被忽视。

在长期实践中,陶鼎来等同样有国外农业工程学习经历的学者们发现,农业机械化和农田水利化固然重要,却并不是农业工程的全部。中国农业和农村发展所需要的工程技术,并不单是机械化与水利化所能囊括的。缺乏农业工程学科设置,没有人从事这方面的科学研究和教学,不能建立起各种农业工程事业和培养农业工程人才,将对国家农业现代化产生长期不利影响。

1978年全国科学技术大会开幕前夕,陶鼎来等部分参与会议筹备工作的学者向国家领导人建议"加强农业工程学的研究和应用",为当时主持科技工作的国务院副总理方毅同志所采纳。在大会审议通过的《1978~1985年全国科学技术发展规划纲要(草案)》中,农业工程被列为25门国家重点发展的技术科学之一。受何康等中央领导委托,陶鼎来负责主抓农业工程学科的研究和建设。以此为契机,陶鼎来组织有关专家在认真研究分析国内外农业发展经验和总结新中国成立以来历史经验教训基础上,结合我国具体条件,起草了《农业工程学科发展规划》,建议成立农业工程的研究设计机构,以及建立与发展农业工程学科。1979年6月经国务院批准,农业部在北京成立了中国农业工程研究设计院,陶鼎来任院长。1979年11月14日,国家科委农业工程学学科组成立大会、中国农业工程学会成立大会与中国农业工程学会第一次学术讨论会三会合一，在杭州顺利召开。学会第一任理事长朱荣在大会上指出：农业工程技术是进行农业基本建设的手段，没有农业工程技术的发展，就谈不上农业现代化。农业工程学科组与农业工程学会的成立，标志着中国农业工程学科地位的确立及学科发展走向正规。

（2）重构与优化学科专业体系满足社会需求

为顺应社会与科技发展要求，20 世纪 80 年代至今，以培养人才为目标的本科与研究生学科专业体系共经历了四次重大的调整，分别见图 4-3 与表 4-6，学科教育定位从模糊到清晰，几经调整，逐步趋稳。第一，农业工程学科作为一个类别独立出现在专业目录中。1982 年，教育部会同国务院有关部委，各省、自治区、直辖市高教主管部门，尝试分科类进行高等学校本科专业目录的首次修订工作。工科本科专业目录被首选修订，1984 年 7 月 31 日，《高等学校工科本科专业目录》经教育部、国家计划委员会联合发布试行，要求首先在高等工业学校中试行，其他类型高校参照试行。《高等学校工科本科专业目录》是在同期高等工业学校所设工科本科专业的基础上修订的，同时兼顾了农业等其他类型高等学校所设的大部分工科本科专业，该目录再次修订后于 1986 年 7 月 1 日由国家教育委员会发布正式施行。1984 年 7 月，教育部发出《关于修订普通高等学校农科、林科本科专业目录的通知》（教高二字〔1984〕第 027 号），国家教育委员会会同农牧渔业部、林业部及有关高校，对农业学科的专业划分及专业内容展开了广泛的调研、论证与审订，于 1986 年 7 月 1 日正式发布《普通高等学校农科、林科本科专业目录》（教高二字〔1986〕第 013 号）。

与《通用专业目录》相比，新修订的专业目录主要呈现出以下特征。

一是目录对以往学科专业名称划分过细进行了有效整合与规范，归并了专业名称。以汽车与拖拉机专业为例，将原先汽车及拖拉机、汽车、拖拉机、汽车拖拉机设计与制造、汽车设计与制造、拖拉机设计与制造、运输车辆设计 7 个相近名称归并为汽车与拖拉机。经调整和修订后，在一定程度上拓宽了专业口径，增强了适应性。

二是首次将"农业工程"作为一个类别出现在农科专业目录中，农业工程学科的教育地位得以明确。目录修订紧密结合国家科学技术发展现状与农业生产需求，将农业工程（下设 3 个正式专业和 3 个试办专业）与农产品加工分别作为一个类别设置。

三是增设试办专业，充实与加强新兴边缘学科。农村能源开发与利用、农业系统工程作为 20 世纪 80 年代初新兴学科内容,被本次目录新增为试办专业。同时,目录根据农业生产需求,将原农田水利、地下水开发利用归并为试办专业农业水资源利用与管理,调整后的农业工程学科专业目录条理性更加清晰化。

在本科教育恢复并逐渐走向正规的同时,研究生教育工作开始恢复。1977 年 10 月 12 日,国务院批转了教育部《关于高等学校招收研究生的意见》。1978 年 1 月 10 日,教育部发出《关于高等学校 1978 年研究生招生工作安排意见》,中国研究生招生制度逐步恢复。1980 年《中华人民共和国学位条例》正式颁布,同期,国务院学位委员会成立。继 1981 年《中华人民共和国学位条例暂时实施办法》颁布之后,《高等学校和科研机构授予博士和硕士学位的学科、专业目录》(试行草案)于 1983 年颁布实施(以下简称《试行草案》),标志着中国研究生教育制度正式建立。《试行草案》中,农业工程类横跨工学与农学两个门类,其中,农业机械设计与制造作为二级学科列在工学门类、机械设计与制造一级学科下,而农业机械化与电气化作为农学门类中的一级学科,下设农业机械化、畜牧业机械化及农业电气化 3 个二级学科(见表 4-6)。为适应改革开放后计划经济向市场经济的转轨以及高等教育的迅猛发展,20 世纪 90 年代初专业设置从行业或部门划分开始转到学科归口,农业工程学科首次独立。

如表 4-6 所示,《试行草案》经修订后于 1990 年 11 月 28 日正式颁布,新的《授予博士、硕士学位和培养研究生的学科专业目录》采用按学科归口设置方式,适当调整了以往部分按行业或部门划分的旧专业。农业工程首次作为独立的一级学科被收录在工学门类中(下设 8 个专业,包括正式与试办),可授工学、农学学位。本次修订在拓宽专业面的同时,调整、充实了农业工程学科专业内涵,主要表现在三个方面。

一是专业面的拓宽,随着计算机技术、现代控制理论、现代通讯理论及其技术的成熟与广泛应用,为新技术在农村电力系统、农业装备及农业信息技术等方面的综合应用提供了可能,农业电气化专业拓展为农业电气化与自动化专业。

二是归并或删除一些划分过细、偏窄的专业,如删除畜牧业机械化专业。

三是增设国家建设急需专业,调整农业水土工程为正式专业的同时,增设农业发展所急需的农村能源工程、农产品加工工程、农业生物环境工程、农业系统工程及管理工程 4 个试办专业,占目录中所有试办专业总量 11.8% 的比重,可见国家对发展农业工程学科的重视程度。

第一,学科门类由农到工,本科专业体系得到重构与调整。首次专业目录修订虽然取得一定成果,但鉴于当时认识和管理体制等方面的客观原因,学科仍存在专业划分过细,专业范围过窄,专业名称不尽科学,门类之间专业重复设置,本科专业门类与学位授予门类不相一致等问题。另外,随着农业现代化建设和农业机械化事业的发展,一些社会亟须的应用性专业设置问题被提上日程。为进一步解决上述问题,原国家教育委员会委自1989年开始启动新一轮专业目录修订工作。基于适应中国经济、科技和社会发展需要的原则、科学性原则。符合高等教学发展规律原则拓宽专业、增强适应性的原则,历经四年多的调查研究和充分的科学论证,修订后的《普通高等学校本科专业目录》于1993年7月16日颁布(见图4-3),主要呈现以下特征:首先是学科所属门类的调整,即学科由原先的农科首次调整为工科。其次是学科专业体系的系统优化,原有工科中设立的农田水利工程、土地规划与利用、农业机械、汽车与拖拉机和内燃机等农业工程类分支学科专业全部归入农业工程类,与农业工程相关的农业机械与内燃机专业名称分别修订为机械设计与制造及热力发动机,农科中农(畜、水)产品贮运与加工、制冷与冷藏技术也被归并至农业工程类。最后是撤销了专业面过窄或设置不当的专业,农业水资源利用与管理、农业系统工程两试办专业被取消。新专业目录显著充实与扩大了农业工程学科内涵,学科体系首次得以完备呈现。修订后的学科门类与1990年11月国务院学位委员会、国家教委联合颁布的《授予博士、硕士学位和培养研究生的学科、专业目录》的学科门类基本保持了一致。

第二,顺应市场经济变革学科专业由窄到宽的再调整与再优化。本科与研究生学科专业目录的前两次修订工作均是在计划经济体制下。以满足国家计划招生和分配需要而进行的高等教育专业设置,专业划分过于细化与培养通用型、复合型人才需求之间存在较大矛盾。为进一步满足市场经济体制和改革开放的需要,主动适应高等教育在管理体制、办学模式及人才培养等方面的变化,20世纪90年代中期,以学科性质与学科特点作为专业划分依据,以增强人才的适应性为目标,以市场需求为特征的调整思路被提出。1997年4月开始,教育部(原国家教育委员会)对1993年颁布的《普通高等学校本科专业目录》组织进行了第三次修订工作,并于1998年正式颁布新的目录。与此同时,经多次征求意见、反复论证修订后的《授予博士、硕士学位和培养研究生的学科专业目录(1997版)》(简称97版博、硕目录)发布实施。1997版博、硕目录中,农业工程学科专业不再授予农学学位,学科专业归并与删除力度尤为明显。

首先是将较为相关的专业归并整合为一个专业,如农业机械化与农业机械设计制造合并为农业机械化工程、试办专业农村能源工程与农业生物环境工程合并为农业生物环境与能源工程。其次是调整和删除不适宜的专业,农产品加工工程调整至新增一级学科食品科学与工程中,删除了农业系统工程及管理工程。

同样的,第三次本科专业目录修订也加大了专业归并力度,专业目录大幅度减少,拓展专业口径和业务范围的同时,充分扩大了专业内涵。新本科专业目录合并农业建筑与环境工程、农村能源开发与利用为农业建筑环境与能源工程,正式专业数量由 9 个缩减为 4 个;取消土地规划与利用专业(并入公共管理类土地资源管理专业)、农产品贮运与加工、水产品贮藏与加工及冷冻冷藏工程专业(后三者并入了食品科学与工程)。增设农业工程与生物系统工程为目录外专业专业结构得到了补充调整。修订后本科专业目录的学科门类与1997 年颁布的《授予博士、硕士学位和培养研究生的学科、专业目录》的学科门类保持了一致。

第三,21 世纪以来本科与研究生学学位体系的并轨与统一。21 世纪以来,为适应国家经济、社会、科技和高等教育的发展,应对学科发展、社会分工变革及教育对象的变化,进一步贯彻落实《国家中长期教育改革和发展规划纲要(2010—2020 年)》,优化学科结构,在 1997 版《授予博士、硕士学位和培养研究生的学科专业目录》和 1998 版《普通高等学校本科专业目录》的基础上,经缜密的调查研究与论证,在广泛征求意见、专家审议和行政决策等基础上,修订后的《学位授予和人才培养学科目录》与《普通高等学校本科专业目录》相继于 2011年与 2012 年正式颁布。新学科授予和人才培养目录不仅适用于硕士、博士的学位授予、招生和培养,学士学位也明确要求按新目录的学科门类授予,中国学士、硕士和博士三级学位授予体系中学科门类得到统一。

本次研究生专业目录修订中农业工程专业没有进行新的调整,本科专业目录进行了微调:首先是农业电气化与自动化更名为农业电气化;其次是原农业工程专业在本次调整中变为了正式专业,生物系统工程专业取消,并入生物工程类。在以往指令性计划指导下,高校专业设置自主权微乎其微。新修订的本科专业目录则呈现出更为开放、可实现动态调整的新特征。对于部分办学水平高、教学质量高的高校将首先获得专业设置自主权。学校可根据办学特色。不受学科目录限制进行自主设置和调整专业。此外,新版目录将根据国家发展、科技进步、市场需求、教育国际交流合作的要求适时调整专业,保留符合规律的、成熟的、社会需求较大的既有专业。

类目	2012年代码及专业名称	类目	1998年代码及专业名称	类目	1993年代码及专业名称	类目	1986年代码及专业名称	1963年《通用专业目录》
农业工程类	082301农业工程	农业工程类	081905W农业工程	（农业工程所有专业调整至工学门类）		（农业工程类独立出现在农科）		
	082302农业机械化及其自动化		081901农业机械化及其自动化	农业工程类	080306机械设计及制造（部分）	机械类②	0515 农业机械	农业机械、农业机械工程、农业机械及拖拉机、农业机械设计与制造、农机维修
					081401 农业机械化	农业工程类③	0601 农业机械化	农业机械化、热带作物机械化、农牧业机械化
	082303农业电气化		081902农业电气化与自动化		081403农业电气化自动化		0603 农业电气化自动化	农业电气化
	082304农业建筑环境与能源工程		081903 农业建筑环境与能源工程		081402 农业建筑与环境工程		0602 农业建筑与环境工程	农业建筑与环境工程、农业建筑
					081406 农业能源开发与利用		试0602 农村能源开发与利用	
							试0601 农业水资源利用与管理	农田水利、地下水开发利用
							试0603农业系统工程	
					081405土地规划与利用②	经济管理类②	0505 土地规划利用	
	082305农业水利工程		081904 农业水利工程		081404农田水利工程	水利类③	1206 农田水利工程	农田水利工程、农田水利、农田水利工程建筑、水利灌溉工程建筑
生物工程类	083001 生物工程		081906W 生物系统工程					
机械类	083002机械设计制造及其自动化	机械类	080301机械设计制造及其自动化	机械类	080306 机械设计及制造（部分）	机械类③	0515 农业机械	农业机械、农业机械工程、农业机械及拖拉机、农业机械设计与制造、农机维修
					080309 汽车与拖拉机		0516汽车与拖拉机	汽车及拖拉机、汽车、拖拉机、汽车拖拉机设计与制造、汽车设计与制造、拖拉机设计与制造、运输车辆设计
能源动力类	080501能源与动力工程	能源动力类	080501热能与动力工程		080311热力发动机（内燃机）		0520 内燃机	内燃机、内燃机动力工程、内燃机设计与制造、船舶内燃机、农业内燃机、机车柴油机、农牧动力机械
食品科学与工程类	082701 食品科学与工程	轻工纺织食品类	081401食品科学与工程①	农业工程类	081407农产品贮运与加工	农产品加工类④	0701农（畜、水）产品贮运与加工	
					081408水产品贮藏与加工			
					081409冷冻冷藏工程		0702制冷与冷藏技术	

图4-3　历年农业工程本科专业目录汇总表

表4-6　历年授予博士、硕士学位和培养研究生的农业工程学科专业目录

门类	1983年（试行草案）	门类	1990年	1997/2011年
农学	农业机械化	工学	082401 农业机械化	082801 农业机械化工程
	农业电气化		082402 农业电气化与自动化	082802 农业水土工程
	畜牧业机械化		082403 农业机械设计制造	082803 农业生物环境与能源工程
	农田灌溉		082404 农业水土工程	082804 农业电气化与自动化
工学	农业机械设计与制造		0824S1 农村能源工程	
	农田水利工程		0824S2 农产品加工工程	
	内燃机		0824S3 农业生物环境工程	
			0824S4 农业系统工程及管理工程	

（3）全面加强学科队伍建设积极推进学科快速发展

学科队伍建设是学科建设的重要基础，学科队伍结构状况不仅影响着教师队伍的质量还影响着学科发展的能力和潜力。学科队伍的创建一般需重点考虑队伍的年龄结构、职称（务）结构、学历结构及学缘结构等，经过30余年的探索与改革，中国农业工程学科队伍结构逐步得到改善，学术梯队建设取得积极进展，主要表现在以下几个方面。

一是队伍年龄结构的调整。合理的年龄结构可有效反映学科队伍教学和科研的活力程度，同时也反映出队伍整体的创新与发展潜力，是学科队伍结构的重要组成部分。

相关研究表明，36~50岁是教师的最佳年龄区，这一年龄段的人数分布应处在学科队伍正态分布曲线的高峰或次高峰值较为合理。队伍中各年龄段应按以下比例分布：35岁以下的约占25%，35~50岁的约占50%，50岁以上约占25%。从整体上进，教师的平均年龄控制在40岁左右为宜，其中正副教授的平均年龄应分别控制在50岁和45岁以内。相比70年代末出现的学术队伍人员不足、年龄断层现象严重等问题，到1990年，中国农业工程学科队伍建设总体情况趋好。以全国农机化研究与开发机构专业技术人员年龄分布发展情况为例（图4-4），35岁及其以下占35.04%，35~50岁人员占39.24%，50岁以上占25.51%。学科35岁以下成员占比最高，与中国高校招生恢复正常后学科培养和大量引进年轻教师以充实师资队伍有关。改革开放至1990年，短短十余年的时间，学科队伍在数量上已经基本满足需求，并在年龄结构上总体趋向年轻化。但值得注意的是，不同职称（务）结构中，高级职称的年龄构成情况略显不足，学科队伍50岁以

上人员占 80.19%,50 岁以下高级职称队伍不足 20%,从另一方面反映出该时期年轻学科带头人才的不足,高龄队伍扎堆极易引起后续学科高级专业技术队伍更替过程中出现青黄不接的局面。

21 世纪以来,高级职称队伍普遍进入退休高峰期,这段时期既为学科调整队伍年龄结构带来了机遇,同时也对优化学科队伍结构提出了新的挑战。老教师集中退休,一方面有利于学科在短时间内补充不同年龄层次的中青年教师,重构学科梯队队伍;另一方面为培养年轻学科带头人和创新设计合理的学术梯队创造了条件,很多院校在年龄结构上实现了新老交替。以浙江大学为例,截至 2013年,该校农业工程学科队伍中 40 岁以下青年教师占 52.63%,40~50 岁的占36.84%,50 岁以上者占 10.52%,一支以老教师为核心、以中年教师为骨干、以青年教师为后备力量的极具活力的年轻化学科梯队初步形成。

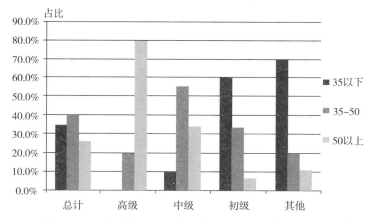

图 4-4　1990 年全国农机化研究与开发机构专业技术人员年龄及职称分布情况

二是队伍职称结构的优化。职称结构通常是指学科队伍中教授、副教授、学科带头人、学术骨干等高层次人才所占比重。合理的职称结构是学科队伍在学术和科研业务能力等方面的综合反映,是高校办学水平和衡量人才培养质量的重要标志。

20 世纪 90 年代以前,中国高校的教授、副教授占教师总数的比例很低。1984 年,北京农业工程大学教师队伍构成中高级职称仅占 12.62%(包括教授、副教授),至 1990 年,学校高级职称比例上升至 28.99%,但中级及其以下职称比重仍高达 70% 以上,队伍职称结构显著失重。1991 年,农业部印发《关于加强高等农业院校教师、政工、管理干部队伍建设的意见和制订教师规划原则的意见》(以下简称《意见》)首次明确提出,不同层次的高等农业院校,其教师职称(务)结构应有所区别。重点院校和少数承担培养研究生和科研任务较重的院校,其高、中、初级职务教师之比4∶4∶2较为合理,一般院校以培养本科生为主,并承担一定的科研任务,以3∶5∶2较为合理,农牧业专科学校,以2∶5∶3为宜,其中少数条件较好的专科学校,其高级职务比例可适当提高。随着高等教育体制改革的不断深入,1999年教育部颁布《关于新时期加强高等学校教师队伍建设的意见》再次提出优化高等学校教师队伍的具体目标,到2005年,正、副教授岗位占专任教师编制总数的比例,教学科研型院校一般为45%~50%,少数可以达到60%;教学为主的本科高等学校一般为15%~25%。相比1991年农业部印发的《意见》,对教学科研型高校学科队伍的高级职称要求明显提高了。

2013年部分院校农业工程学科队伍职务构成情况见图4-5(数据整理自各院校网站,数据检索时间截至2014年1月)。截至2013年,中国农业大学作为国家"211工程"和"985工程"重点建设的教育部直属高校,工学院拥有的农业工程学科是该学科目前全国唯一的国家重点一级学科,学科队伍中高级职称高达61.25%,浙江大学(国家"211工程"和"985工程",农业机械化工程国家重点学科)学科高级职称高达66.67%。很显然,这两所重点院校的农业工程学科队伍成员中具有高级职称的人数超过中级和初级人数,学科的职称结构产生倒置现象。职称结构的倒置在一定程度上确实能够反映学科队伍的整体水平和实力,但不容忽视的是其对学科建设和发展也有可能产生负面的影响,包括学科研究方向的分散、学科内部产生竞争过度甚至恶性竞争、学科研究人力成本激增以及低层次基础性工作无人问津等弊端不容忽视。所调查的7所院校中,西北农业科技大学(国家"211工程"和"985工程",农业水土工程国家重点学科)学科队伍中高级职称为41.90%,与东北农业大学(国家"211工程")和华中农业大学

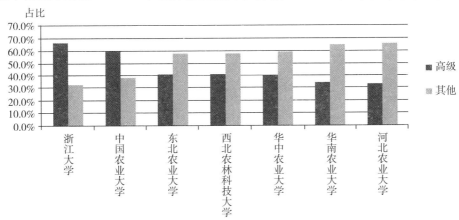

图4-5　2013年部分院校农业工程学科队伍职务构成情况

（国家"211工程"）农业工程学科队伍职务高级职称构成均接近40%，作为教学科研型重点院校，学科发展总体趋热不及2005年提出的45%的目标要求，说明这三所院校在学科队伍建设中职称结构发展空间较大，有进一步调整优化的必要。华南农业大学与河北农业大学（普通教学科研型院校）学科高级职称均低于35%，分别为34.73%和33.33%，显著高于以教学为主的本科高等学校水平，但距离教学科研型院校45%～50%的高级职称结构要求低了近十个百分点，可见发展空间还是很大的。

整体来看，学科队伍的职称（务）结构得到了迅速发展，教授与副教授所占比例在整个结构中得到显著增加，高级职称队伍年轻化趋势愈发明显。尽管发展趋势很好，但值得注意的一点是各高校学科队伍的职称结构因与办学模式、学校规模、学校所承担任务等的不同而不同，具体情况需要具体分析，实践中我们不能用一种模式来生搬硬套。

三是队伍学历结构的变化。学历结构是指教师队伍的学历和学位的构成状况，是对教师的专业理论知识及学术水平的综合反映。学科队伍中高学历者所占比例越大，往往意味着学科教育和学术科研水平就越高。

对于学科队伍的学历要求，欧美部分发达国家均明文规定具备博士学位是胜任高校教师的必备条件之一。美国一流大学博士教师的比例普遍很高，排名前30位大学全职博士教师比例平均均为96%，北卡罗来纳大学博士教师比例最低，但也达83%。其中宾夕法尼亚大学、哥伦比亚大学、西北大学、埃默瑞大学、塔夫斯大学的博士教师比例高达100%。中国早期高等教育对教师队伍的学历结构没有明确要求，20世纪80年代高校专任教师中的研究生比例不足10%。以北京农业工程大学为例，1984年学校专任教师中的研究生比例仅为6.98%，拥有博士学位者占比1.16%。与高等院校相比，学术科研机构的情况更不乐观。1988～1994年，全国农机化研究及开发机构专业技术人员学历构成情况如图4-6所示，在历年的队伍学历构成中，研究生学历队伍增长趋势显著，但其所占比例一直不足1%，大学学历所占比重接近30%，大专与中专学历比重略高于30%，而其他情况则占据35%以上的比重，农机化研究队伍整体学历偏低是该阶段的典型特征。

1991年4月，农业部印发《关于加强高等农业院校教师、政工、管理干部队伍建设的意见和制订教师规划原则的意见》，提出农业院校教师队伍建设在"八五"期间和20世纪末的奋斗目标是：建设一支政治、业务素质较高，群体结构合理，数量规模适度，能够适应社会主义农业现代化建设和高等农业教育事业发展需要的教师队伍。改善教师队伍学历结构和数量结构，重点院校和少数承担培养

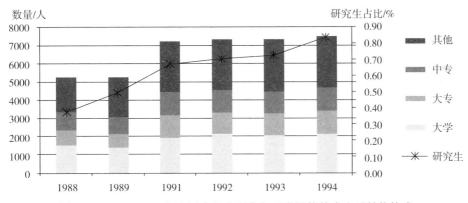

图 4-6　1988~1994 年全国农机化研究与开发机构技术人员结构构成

研究生和科研任务较重的院校。到 1995 年,具研究生学历的教师要达到占教师总数的 45%~50%。到 2000 年,具研究生学历的要达到 60% 以上,其中具有博士学位的要占 15%~20%。一般本科院校,到 1995 年,具研究生学历的教师要达到 30%,到 2000 年要达到 40%~50%,重点学科高学历教师的比例应高于一般学科。实际情况发展相对比较缓慢,以北京农业工程大学为例,专任教师中研究生学历结构 1993 年为 24.59%,相比 1984 的 6.98% 尽管上升了近十八个百分点,但距离农业部提出的 1995 年达到 45% 的要求仍相差二十个百分点。1993 年以来,随着"跨世纪优秀人才计划""长江学者奖励计划"等一系列国家重大人才工程的实施,有效促进了学科带头人和学术骨干成长,拥有博、硕士学历的教师比例逐年提高。

历经 30 余年的发展,中国农业工程学科队伍在学历结构上实现了三个跨越:20 世纪 80 年代学科队伍以本科学历为主,到 90 年代中后期学科队伍逐渐转向以硕士学历为中坚,进入 21 世纪以后,根据学科发展需要,各院校在学科队伍建设中采取多种方式加大引进博士力度,一方面是从国内外招聘优秀应届博、硕士毕业生充实教师队伍;另一方面是积极创造条件支持教师在职或脱产攻读国内外博士学位,队伍中博士学历结构愈发占据主导地位,学历结构发生了显著变化。

四是学缘结构的重构。学缘结构是指学科队伍中来自不同高校、院所的教师构成的一种学术形态,从属于不同的学术流派,各有千秋,互有优势,在一定程度上反映了学科的学术气氛和学术的交流情况,对于学科的建设和发展起着十分重要的作用。

欧美高校教师的来源呈多样化,一般不留本校的毕业生,即使留校,这些留校生还必须要有在其他大学、科研机构或企业工作的经历,并且留校生比例都比较小。美国一流大学强调师资"远缘交杂",更喜欢在国外授予博士学位和具有留学背景的教师,如哈佛大学拥有留学背景的教师比例高达34.9%,其中最高学位在国外授予的达9.4%。某些专业,拥有跨国学习背景的教师甚至超过一半。20世纪90年代以前,中国高校教师队伍的学缘结构建设并没有被引起足够的重视。直至1999年,教育部在《关于新时期加强高等学校教师队伍建设的意见》中就教师队伍的学缘结构建设目标提出要求,在校外完成某一学历(学位)教育或在校内完成其他学科学历(学位)教育的教师应占70%以上。21世纪初,大多数高校在校外完成某一学历(学位)教育或在校内完成其他学科学历(学位)教育的教师占专任教师总数的比例仍在50%左右,特别是非重点院校尤为突出,有的高校只在40%左右,远低于70%的要求。学科队伍的学缘构成在优势学科中"近亲繁殖"状况较为突出,本校、本学科留校教师所占比例普遍较高。学科梯队人员基本上由本校毕业的博士、硕士构成。造成此种现象的主要原因,一方面是早期学科建设对教师队伍学缘结构不够重视;另一方面也与中国多年来人才流动体制单一有关。在学科队伍建设中,教师队伍的"近亲繁殖""师徒同堂"和"四世同堂"极易造成学科队伍成员的知识结构逐渐趋向于单一、研究方向逐渐趋同、学术思想和学术观念逐渐趋向于一致,不利于形成多种学术观点和学术思想的交锋,时间久了,容易影响学科的发展。

近年来,学缘结构问题已引起高校管理部门的高度重视。多数院校一方面以高层次人才计划项目为推手,积极引进国际上具有较高学术影响力的中青年专家和学者,建立高层次人才队伍后备梯队、促进队伍结构的改善;另一方面采取特殊政策吸引海外杰出人才,促进学科梯队的组建和"远缘交杂",通过一名杰出学者吸引一群优秀的力量、创建一个团队、凝练一个研究方向,带动整个学科的发展。一支富有活力的、年轻化的金字塔形农业工程学科梯队逐步形成,其基本特征表现为越到塔顶人员越少、学术权威性越高、对学科发展的引领作用越强。

塔的顶层结构为学科(学术)带头人,即在本学科领域具有极高的学术水平和学术权威性,能够带领、组织和指导有关人员开展该学科领域学术研究,并取得显著研究成果的专家,如两院院士、千人计划入选者、教育部长江学者特聘教授,人数极少、甚至一人,但却起到了带头领路或者说创新的关键作用。农业工程学科目前全国共有中国工程院院士6人。汪懋华(中国农业大学)、赵春江(北京市农业科学院)、罗锡文(华南农业大学)、康绍忠(中国农业大学)、任露泉(吉林大学)和陈学庚(新疆农垦科学院),农业工程学科带头人的第一梯队正在趋向"年轻化",说明中青年科学家正在成长为学科科研领域的将帅,学科曾经的顶层人才断层正在得到弥补。第二层级为中青年学术方向带头人,是在学科领域中有稳定的、特色鲜明的研究方向,在国内外有一定的学术地位与影响力,学术造诣深,能够把握学科发展趋势,科研能力强,取得一定科研成果的专家,包括杰出青年基金获得者、国家百千万人才工程人选、教育部新世纪优秀人才、国家级教学名师等。第三层级由学科骨干成员组成,成员通常要求参加过省部级及以上科研项目的研究工作或重大技术创新、技术攻关等工作,在学术上已取得一定成就并且形成自己特色,学术思想活跃,有培养前途的中青年教师,包括省、地区级人才自助计划获得者、省级教学名师等教授、副教授。第四层级由学科讲师、助教、实验技术人员等构成学科梯队的基础部分,起到承上的作用,由于存在人数较多,在新老更替中,可以从中不断选拔优秀人才,补充与充实上一层级的队伍,做好梯队建设的衔接,保证学科良好的稳定性和发展性。

整体来看,一支数量适当、结构合理和群体效应高的农业工程学科梯队正在逐渐形成。但需要值得关注的是,受不同地区社会、经济及科技水平发展的影响,有些院校高水平的学科带头人紧缺,骨干教师队伍新老交替形势仍然严峻。此外,不同区域对农业工程学科方向的需求不同,未来应充分发挥学科带头人、学科方向带头人的"领头雁"式的引领和集聚效应,以点带面,推动区域学科梯队的建设和不断优化。

第三节　学科发展模式及演进规律

现代化作为一个世界性历史进程,反映了由工业化引起的人类社会从传统农业社会向现代工业社会所经历的巨变。期间,经济与科技的飞速发展加剧了社会对高知识技术型人才的需求,进而推动了教育现代化与工程教育的变革。这一巨变始于西欧,后经北美、欧洲向亚非拉延伸。

一、欧美发达国家学科发展模式及规律

1.学科发展模式
欧美发达国家农业工程学科发展主要呈现两个典型特征。
一是早发内生型。早发内生型发展理论认为,早发现代化是由社会内部的现代性因素相互作用而在时间上较早进入现代化进程的一种现代化发展模式。

早发内生型现代化并非是突发性的,而是长期现代性因素自然累积并由此积蕴形成一种内在的、自发的变革动力来推动现代化发展的一种模式。对于农业工程学科而言,学科是在现实需求与科技成果合力推动的产物。

美国独立战争后西进运动开启,西部农场的日益壮大与劳动力不足的矛盾日趋加剧,生产规模与生产工具落后之间的矛盾也日渐突出。这刺激了农业生产者对农业生产工具技术革新的动力,推动了美国农业工程技术创新的进程。与此同时,18 世纪 70 年代工业革命开始,开启了人类社会现代化的大门。工业革命加速了社会物质财富的积累,引发经济领域革命的同时,推动了近代自然科学与人文科学的发展,增强了人类改造与认识社会的能力。钢铁冶炼技术与机器制造业的发展为欧美各国农机具的革新提供了必要的原材料与技术支撑,尤其是蒸汽机的发明及应用为动力型农机具的出现提供了可能,但农业工程理论体系尚未成型,学科处于前科学时期。第二次工业革命则几乎在欧美先进国家同时发生,尤以美国和德国为主。美国农业院校中三位一体式教学、科研和推广体系在很大程度上加速了自然科学与农业工程技术的密切结合,而欧美更多工程师加入农业工程研究领域,促进了农业工程学科的诞生。1907 年,ASAE 的成立标志着农业工程学科地位的确立,学科理论体系形成并进入了常态发展时期。农业工程学科在上述国家开始酝酿与发展的时候,世界上还没有成型的学科模式存在。对于这种"原生型"学科而言,既没有明确的发展前景,也没有成功发展模式可借鉴。推动农业工程学科形成与发展的力量,是来自社会生产的现实需求与不断积累与发展的工业技术革命成果,是社会自身力量与科学技术共同推动的科学创新之结果,政府发挥作用较为有限,具有典型的先发特征。

二是渐进性。由于没有任何成功经验模仿与移植,欧美学科是一边探索一边发展,在摸索中不断总结前行,在探索中不断创新。学科发展虽有调整与变化,但其变革力度比较细微而温和,进程缓慢而渐进。20 世纪 60~70 年代,欧美各国相继实现农业机械化与现代化之后,学科注册学生逐年降低,学科研究资助力度减小,传统工程技术需求下滑,社会关注度明显降低,传统学科发展陷入发展危机。第三次工业革命使自然科学和应用技术结合更为紧密,学科之间相互促进、相互渗透,新领域层出不穷,工程技术与生物科学的结合令学科找到新的契机,学科发展摆脱危机进入新的创新与革命期。尽管学科发展经历了革命性的转变,但其发展进程仍相对是渐进与缓和的。无论是农业工程工程技术创新,还是农业工程教育体系的创建,都是在社会发展需求和科学技术发展合力推动下逐步摸索形成的,学科发展是一种内在的、纯自然的、渐进式的演变。

综上所述,欧美发达国家农业工程学科的形成就是自然而然的产物,由民间力量自发推动为主、政府充当的角色极为有限。学科在社会需求与科技发展双重带动下渐进式发展,先发、渐进和自下而上特征显著,属于典型的先发内生型学科发展模式。

2. 学科演进规律

(1)在欧美发达国家,学科均经历了四个不同的发展时期,即前科学时期、常规时期、危机时期与革命时期(图4-7)

在前科学时期,能工巧匠在农业生产实践中积累的经验促进了生产工具的技术改良,但经验还没有形成系统的知识体系,没有上升到理论高度。随着土木、机械、电子等相关工程学理论形成并逐步融入农业工程技术的创新中,长期实践经验与知识量的积累形成科学生长点,农业工程学科由此而生并进入以工程技术应用为主的常规发展期。农业机械化与现代化实现后,原有基于应用的农业工程工程学理论与方法不能够满足新的发展需求,迫切需要新理论与方法,学科进入危机期。历经多年,学科积极探索基于生物科学的工程学科新方向,现代生物学技术、新能源技术、系统工程、自动化成为引领学科发展的重要力量,推动学科进入革命期。20世纪90年代初,ASAE首次更名为农业、食品与生物工程学会,农业与生物系统工程理论体系不断完善与丰富。2005年,ASAE更名为ASABE,表明以生物、系统工程为核心的新学科理论体系已经形成,学科发展进入新一轮的常规发展时期。相比北美,欧洲农业工程学科形成晚了近20余年,因各国教育体制不同,其学科进入危机期间也明显晚于北美,欧洲农业工程学科目前还处于边探索边转型的革命时期。

纵观欧美农业工程学科发展史不难看出,学科作为科学的一个分支或一个部分,遵循科学发展的积累规范与变革规范。学科在发展积累中蕴含着创新与突破,学科发展既呈现连续性,又具有突变性与阶段性,整个发展过程呈现出周期性波浪式前进的态势。

(2)工业化是现代化的前提与基础,一个国家工业化的完成意味着社会从传统农业进入了现代农业社会,农业由初级工业化迈入高级现代化阶段

国内外学者对于工业化进程的判断主要基于产业结构、就业结构和经济结构等角度加以测度,最为著名的理论包括西蒙库兹涅茨模式及钱纳里标准等。其中,西蒙库兹涅茨模式判断工业化是否完成两个重要指标为:第一产业比重小于10%,第一产从业人员比重低于17%,并且第二产业产值比重达到高峰且开始缓慢下降。钱纳里提出的人均GDP划分工业化发展阶段标准认为,当工业化完

成时人均 GDP 应达到 2400 美元(1964 年价格)。如表 4-7 所示,20 世纪 50 年代初期,美国第一产业比重已显著降低至 5% 以下,第二产业产值比重达到高峰且开始缓慢下降,第一产从业人员比重在 30 年代降至 17%,但人均 GDP 在 50 年代中期升至 2400 美元。综合各项指标可以看出,美国完成工业化的时间应在 20 世纪 50 年代中期,这是发达国家中最早完成工业化的国家。

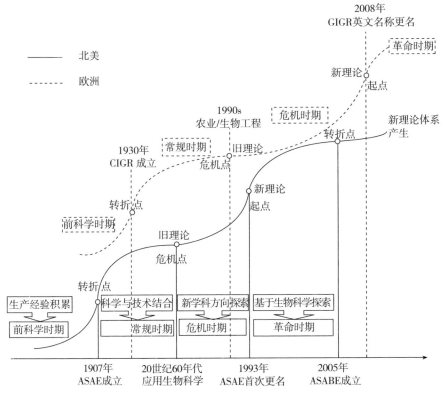

图 4-7　欧美发达国家农业工程学科发展规律

表 4-7　欧美部分国家实现工业化时产业结构与就业结构指标

国家	年份	第一、二、三产业产值			第一产业从业人员比重/%	人均 GDP/美元
		第一产业	第二产业	第三产业		
美国	1953	4.3	45.3	50.4	19.9(1959 年)	2399(1954 年)
	1963~1967	3.3	44.3	52.4	5.7(1965 年)	
英国	1955	4.4	56.8	38.5	7.2(1921 年)	2517(1971 年)
	1963~1967	3.4	54.6	42.0	3.7(1961 年)	

国家	年份	第一、二、三产业产值			第一产业从业人员比重/%	人均GDP/美元
		第一产业	第二产业	第三产业		
意大利	1950~1952	22.4	43.6	34.0	—	2547(1972年)
	1963~1967	13.7	47.9	38.4	25.2(1964年)	
德国	1960	6.3	61.9	31.8	29.3(1946年)	2524(1959年)
	1963~1967	5.4	62.4	32.2	11.3(1964年)	
法国	1963	8.4	51.0	40.6	20.0(1962年)	2503(1968年)
加拿大	1951~1955	13.6	48.9	37.5	37.1(1911年)	2543(1964年)
	1963~1967	9.7	54.6	35.7	9.5(1966年)	

　　与此同时,20世纪50年代中期美国拖拉机保有量首超役畜(见图4-8),基本实现农业机械化,与工业化完成时间基本保持了同步。至60年代中期,美国全面实现农业机械化。继美国之后,德国与加拿大在60年代初期,英国与意大利大致是在70年代初相继完成工业化,至70年代中后期实现农业机械化。英国与意大利之所以晚于其他国家实现农业工业化,与两国"二战"前对农业与农机工业重视不够有一定的关系。20世纪40年代英国与意大利拖拉机保有量分别为17万台和5万台,并以进口为主。"二战"后两国加快了促进农业发展与农机工业建设步伐,1964年英国拖拉机保有量已达48万余台,意大利在1965年代拖拉机年保有量也近42万台。

图4-8　1900~2012年美国农业机械化发展指标

　　20世纪50年代中至70年代初,美国、加拿大、德国与法国等国家相继进入后工业化时期,农业生产全面实现机械化。此后,拖拉机保有量进入饱和期,直至90年代。这是一个很有价值的规律,上述工业化国家全面实现农业机械化后拖拉机保有量均出现10~20年的一个饱和期(见图4-9)。究其原因,拖拉机的饱和一定程度上表明社会对拖拉机动力刚性需求降低。农业生产进入了高度机械化发展阶段,农业工程技术面临着一个量变到质变的转变。与此同时,高速发展的工业化、城镇化导致生态环境开始恶化,60年代爆发的能源危机引发欧美经济大萧条对农业工程技术提出新的要求。此外,以原子能、电子计算机、生物工程等为核心的新能源、新材料、信息技术与生物技术等新领域研究开始兴起,为农业工程学科探索新的领域与发展方向提供了契机。20世纪90年代,学科突破传统的以农田生产机械化为核心的束缚,提出学科是基于生物科学的工程学科的新思路,可再生能源、生态环境保护、生物系统工程及智能化精准农业研究成为学科研究和关注的新焦点。

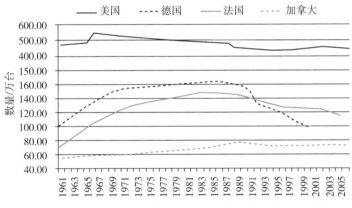

图4-9　1961~2005年不同国家农用拖拉机保有量变化趋势

综上所述,欧美发达国家工业化的实现为农业工程提供了必要的技术支持,在制造业实现工业化之后,农业工业化得以完成,并进一步影响了农业工程学科的发展轨迹。农业机械化完成之后,拖拉机保有量经历10~20年的饱和期,农业机械化迈入高度机械化发展阶段,这一阶段也正是学科探索新领域的重要时期——后工业化阶段。由第三次工业技术革命兴起衍生的诸多新理论与新技术为学科创新发展提供了契机,学科旧理论体系逐步被新理论体系取代。

3.学科发展特征

(1)学科中心地位的确立

ASAE成立标志着农业工程学科作为一个独立的学科被世人所认知。第一次世界大战的爆发影响了农业工程学科在欧洲的发展,CIGR 成立之前近 20 年的时间,学科发展与创新主要以美国为中心展开,无论是学术机构的建设、高等教育体系的创建,还是农业工程技术的创新数量与速度,全面推动了美国农业机械化发展并始终保持学科发展中心的地位。与北美相比,欧洲农业工程学科的起步与发展速度较为缓慢。"一战"结束后世界对粮食需求量的激增促进了学科在欧洲的形成与发展。由于不同国家历史、经济、农业生产发展需求及高等教育机制的不同,欧洲各国农业工程学科发展历程各有差异。1930 年 CIGR 成立以后,欧洲农业工程学科发展进入常规时期,不同国家相继建立自己的研究机构与高等教育体系,设立相应的农业工程课程。美国农业工程学科缘起最早,发展最为成熟,始终引领着世界农业工程学科发展的方向。进入 21 世纪以后,经过十余年的探索,2005 年 ASABE 成立,学科已经完成从传统到现代生物工程的变革。20 世纪 80 年代末,欧洲已有农业工程研究人员开始关注农业工程学科未来的发展方向,2002 年 USAEE-TN 成立,探索欧洲农业工程学科变革成为学术界研究的一个主流。在亚特兰提斯计划支持下,欧洲启动了学科转型的探索与研究,借鉴美国经验的同时,各国结合国情积极探索适合自己的模式。2008 年,联盟正式更名为 ERABEE-TN,欧洲农业工程学科的变革正式开启。整体来看,农业工程学科始终以美国为核心、北美为中心向欧洲及其他地区拓展。

(2)学科研究领域的拓展

20 世纪 70~80 年代,欧美国家相继实现了农业生产机械化的同时,人们已经意识到机械化带来的能源危机问题、环境条件对动植物生产的影响、农业系统工程及人体工程设计等新研究领域对创新农业工程技术的重要性。学科研究开始由机械化农业向信息化农业转变,在提高劳动生产率、资源利用率及土地产出率基础上,研究如何以相对少的资源投入,获得尽可能大的经济、社会和生态效益,最终创建低耗、高效和安全的农业生产系统和生态环境系统。随着现代生物工程技术、信息技术和自动化技术在农业生产领域的广泛应用,智能化已成为当今农业工程技术发展的主流趋势。21 世纪以来,欧美发达国家信息化与工业化的深度融合在农机装备制造业上得到了充分体现,信息化技术的应用对于加快农机制造业转型升级,提升产品技术水平和专业化程度,降低作业能源消耗和提高生产效率方面发挥的作用越来越重要,已成为高端农机制造业的重点发展方向。农业工程技术已从单一性能向高度智能化的多元一体机方向发展,智能耕作、智能灌溉、智能施肥与植保、智能收获与采摘以及可追溯物联网等新技术的应用与开发使农业生产获得了最佳的投入产出效果。不仅如此,围绕生态平衡、资源节约、环境保护等主题,开发与农业可持续发展相结合的智能、精准工程新技术成为当前的主流趋势。

二、中国农业工程学科发展模式及规律

1. 学科发展模式

学科发展主要受社会、政治、经济、地域自然资源条件及工业化与现代化进程等因素制约,中国农业工程学科的发展模式有别于欧美发达国家,主要呈现以下两个特征。

一是学科早期后发外生型特征显著。工程教育与一个国家的工业化、现代化进程紧密相关,第一、第二次工业革命未在中国发生,现代化发展因素在中国几近空白。1840 年鸦片战争至新中国成立之前的百年间,受半殖民地半封建社会影响,中国社会生产力长滞不前,缺乏由内部自发产生出推动农业工程学科理论与技术形成的不断积累。人多地少、经济落后、传统农业为主、工业极不发达。这种落后的不发达农业生产面貌与完全工业化的发达国家形成鲜明的对比。新中国成立时,全国农业机械总动力仅为 9.01 万千瓦,农用拖拉机 117 台,诸如联合收割机、农用载重汽车等大型农业机械基本上是空白,综合农业机械化水平不足 1%。与此同时,欧美农业工程学科的繁荣与发展促进了欧美多国在 40~50 年代谷物生产基本实现农业机械化,尤其是美国农业工程学科取得的显著成绩与中国形成巨大反差。强有力的外部刺激成为中国农业工程学科创建的主要推动力。在旧中国,由分散的民间力量来启动农业工程学科建设是根本不可能的,要成功地启动和推进农业工程学科建设就必须形成强行启动和推进学科发展的特殊条件,这就是政府强有力的介入并直接采用行政手段来推动。新中国成立前政府短暂的引进与借鉴美国学科理论与教育制度经验是学科形成初期的重要特征,但其起步仓促,且发端于战火纷飞、政治经济环境缺乏稳定的乱世之中,生存之路艰辛。新中国成立之后,受政治环境影响,全盘仿制苏联农业工程学科模式是更为强大的政府推动,在强有力的政府推动与外部援助相结合下,在国家严格的计划经济及教育计划指导下,农业工程分支学科得以迅速创建。

可以说,国内外学科发展巨大的落差诱发并推动了中国农业工程学科的创建,学科早期是基于国家行政指导、在高度集权的政治制度推动下实现的。因此,中国农业工程学科早期的形成与发展有别于北美与欧洲学科早发内生型发展模式,不仅形成时间较晚,而且是对外部刺激或挑战做出的一种积极回应,是一种在强大行政推动作用下、自上而下、借鉴与模仿特征显著的后发外生型发展

模式。

二是后期学科从模仿为主转向自主创新。一方面,改革开放后,以陶鼎来为代表的科研人员意识到全面发展农业工程学科的重要性,在总结国内外农业发展经验和新中国成立以来历史经验教训基础上,研究人员提出建立农业工程的研究设计机构和发展农业工程学科的必要性,自下而上推动并参与了中国农业工程研究设计院与农业工程学会的创建;另一方面,在农业工程技术创新方面。20 世纪 80~90 年代中国主要依附发达国家通过技术引进,不断缩小与发达国家间的差距。进入 21 世纪以后,依靠比较优势与后发优势中的市场换技术模式,中国已成为世界农机制造大国,但非强国,发达国家的核心技术"溢出"变得愈发困难。21 世纪以来,国际金融危机使发达国家纷纷实施"再工业化"和"制造业回归"战略,高端制造领域出现向发达国家"逆转移"的态势。在此背景下,2015年 5 月国务院印发我国首个实施制造强国战略的十年行动纲领——《中国制造2025》。农机装备被列为《中国制造 2025》十大重点突破领域之一,为农机产业发展提供新的契机的同时,也为学科基础理论研究与技术创新指明了方向和重点。此外,党的十八大以来,国家高度重视创新驱动发展,创新已成为国家发展全局的核心。因此,在创新大环境驱动下,农业工程学科必将由依附模仿迈向自主创新。

综上所述,中国农业工程学科早期发展以借鉴模仿发达国家学科模式为主。由政府强行推动为主。后发外生型特征较为显著。改革开放以后,学科在研究人员的合力推动下得以创建。随着创新成为国家发展全局的核心,学科已经从引进模仿转向自主创新阶段,是一种典型的后发、引进借鉴与主动创新并存的后发创新型发展模式。

2. 学科演进规律

一是纵观中国农业工程学科发展历程不难看出,由于历史原因,学科发展并不是一帆风顺的。新中国成立之前,农业工程一词已在中国出现,但仅仅是以引进和介绍西方国家学科理论与技术为基础。新中国成立之后,中国开始全面仿制苏联学科模式,相继建设了农业机械化、农田水利、农业电气化等分支学科(见图 4-10),由于分属于不同的部门管理,对各分支学科的建设过度强调基础设施建设与具体工程技术的应用,理论研究被忽视,学科并未形成完整的体系。与欧美发达国家农业工程学科演变路径不同,近代科学诞生在欧洲,工业革命始自欧美。伴随着近代科学与工业技术革命的发展,发达国家农业工程学科的前科学时期经历了近百年,工业技术革命的成果在促进工业化进程的同时,土木、机械及电气等工程技术与理论在农业生产中的实践与应用促进了农业工程学科的诞生。在中国近代史上,近代科学与工业技术革命在中国出现较晚,家家户户营农的小农经营对农业工程技术的要求也不是很高,学科形成所需理论与实践基础缺乏。因此,中国农业工程学科的建设与发展主要依靠引进与模仿,无论是新中国成立前引进欧美学科经验,还是新中国成立之后复制苏联经验,学科均未形成系统化的理论体系,而是经历了一个学科形成前的知识加速积累时期,即学科地位确立以前分支学科的形成与发展时期。

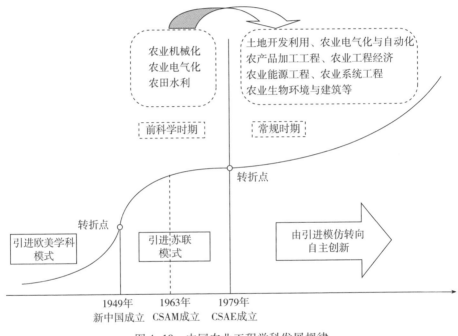

图4-10 中国农业工程学科发展规律

1979年中国农业工程学会的成立,标志着农业工程学科地位的确立,学科发展进入常规时期。新学科的出现,是经过长期艰苦实践和认识发展到科学生长点而必然发生的质的飞跃。中国农业工程学科地位的确立比北美晚了近70年。学科的发展仅仅有三十余年。农业现代化中的机械化还没有完全实现,尽管已有科研人员就农业工程学科是基于生物科学还是基于工程的科学进行了讨论,提出中国农业工程学科应在原有基础上向生物系统工程拓展的需求,但基于中国农业发展对农业工程技术的需求还将持续一段时间。中国农业工程学科的发展仍将沿着当前的道路发展,学科发展仍将处于常规发展时期。

总而言之,作为科学体系的一部分,中国农业工程学科的发展同样遵循科学发展的积累与变革规范,学科发展历经前科学时期,目前进入常规发展时期。

二是发达国家经验表明,工业化的实现为农业装备提供了必要的技术支持,在制造业实现工业化之后,农业机械化得以完成。并进一步影响农业工程学科的发展轨迹。中国农机工业从起步到发展,始终坚持技术引进与自主创新相结合的发展道路。1949年新中国成立时,全国拖拉机保有量仅200多台,农机总动力8.1万千瓦(其中,89%是排灌动力),人畜力手工劳动为主。新中国的工业化进程始于1953年开始的国民经济发展第一个"五年计划"。与欧美发达国家优先发展轻纺工业工业化道路不通,为实现赶超目标,新中国全面模仿苏联重工业模式开始强制性重工业积累。1958年,苏联援建重点工程之一的洛阳拖拉机厂首台拖拉机——一拖东方红履带拖拉机(DT54)生产下线,标志着中国农机工业与农业机械化的起步。至1978年,全国大中型拖拉机拥有量已达55.7万台,小型拖拉机137.3万台。由于国家整体工业基础薄弱,工业化起步阶段农业工程技术对外存在较高的依赖性,主要以照搬苏联产品制造体系为主。

改革开放后,中国充分发挥自身比较优势与后发优势,依靠技术引进和国际装备制造业转移带来的技术扩散,大规模引进欧美等发达国家技术资源,农机工业开始步入快速发展轨道,高新技术的大量引进构成这一时期我国农业工程技术进步的主要来源,工程研发体系逐步形成,学科地位确立并步入正轨。按照陈佳贵等提出的中国工业化进程判断标准(见表4-8),1991年中国工业化进程由起步阶段进入初级阶段。2004年,全国大中型拖拉机拥有量突破100万台,至2010年,大中型拖拉机已近400万台,第一产从业人员比重降至36.7%,农作物耕种收综合机械化水平达到52.28%,农业生产方式实现了由人畜力为主向机械作业为主的历史性跨越,农业机械化发展完成了由初级到中级阶段的重大跨越。与此同时,一产比重降至9.6%,人均GDP升至9230美元(2005年价格,表4-9),第一产从业人员36.7%,中国工业化进程总体迈入工业化中后期阶段。按照农业机械化水平现有4%年均增长率计算,2020年基本实现农业机械化的发展目标是可行的。专家预测,2020年中国将实现工业化,与基本实现农业机械化的时间保持同步,同样现象出现在20世纪50年代的美国。从基本实现农业机械化到全面实现机械化,欧美发达国家大致用了10年的时间完成。与欧美发达国家所处技术与经济环境不同,中国从基本实现农业机械化到全面机械化有可能时间会缩短。全面机械化后,依据发达国家经验,拖拉机保有量会经历10~20年的饱和期,一定程度上表明社会对农机动力的刚性需求降低,传统农业工程理论与技术不能解决新问题,学科发展进入危机时期。

表 4-8　中国工业化不同阶段指标值

指标	前工业化阶段	工业化阶段			后工业化阶段
		工业化初期	工业化中期	工业化后期	
人均 GDP,PPP (2005 年美元)	245~1490	1490~2980	2980~5960	5960~11170	>11170
三次产业结构(%)	A>I	A>20,A<I	<20,I>S	A<10,I>S	A<10,I<S
第一产业从业 人员比重(%)	>60	45~60	30~45	10~30	<10

注:其中,A 为第一产业,I 为第二产业,S 为第三产业,P 为购买力平价。

表 4-9　1990~2013 年中国经济发展指标

时间/年	第一、二、三产值产业结构/%			第一产值人员 比重/%	人均 GDP,PPP
	第一产值	第二产值	第三产值		
1990	26.70	40.90	32.40	60.10	1488
1991	24.20	41.40	34.50	59.70	1603
1992	21.40	43.00	35.60	58.50	1809
1993	19.40	46.10	34.50	56.40	2038
1994	19.50	46.10	34.40	54.30	2278
1995	19.70	46.70	33.70	52.20	2500
1996	19.40	47.00	33.60	50.50	2722
1997	18.00	47.00	35.00	49.90	2944
1998	17.20	45.70	37.10	49.80	3145
1999	16.10	45.30	38.60	50.10	3355
2000	14.70	45.40	39.80	50.00	3609
2001	14.10	44.70	41.30	50.00	3881
2002	13.40	44.30	42.30	50.00	4205
2003	12.40	45.50	42.10	49.10	4598
2004	13.00	45.80	41.20	46.90	5031
2005	11.70	46.90	41.40	44.80	5568
2006	10.70	47.40	41.90	42.60	6238
2007	10.40	46.70	42.90	40.80	7085
2008	10.30	46.80	42.90	39.60	7728
2009	9.90	45.70	44.40	38.10	8398
2010	9.60	46.20	44.20	36.70	9230

时间/年	第一、二、三产值产业结构/%			第一产值人员比重/%	人均 GDP,PPP
	第一产值	第二产值	第三产值		
2011	9.50	46.10	44.30	34.80	10041
2012	9.50	45.00	45.50	33.60	10756
2013	9.40	43.70	46.90	31.40	11525

三是21世纪中国农业工程学科面临着同整个工程科学界一样的形势,机遇和挑战同在。2012年10月,德国产业经济研究联盟及其工业4.0工作小组提交一份名为《确保德国未来的工业基地地位——未来计划"工业4.0"实施建议》草案,提出"工业4.0"是以智能制造业为主导的第四次工业革命,本次革命旨在充分利用信息通信技术与网络空间虚拟系统,构造基于信息物理联合系统将制造业向智能化转型,以工业互联网、智能制造为代表的新一轮技术创新浪潮将席卷全球。2015年5月中国正式出台实施制造强国战略第一个十年行动纲领——《中国制造2025》。与"工业4.0"相同,两者都是在新一轮科技革命和产业变革背景下针对制造业发展提出的一个重要战略举措。《中国制造2025》提出以信息技术与制造技术深度融合的数字化、网络化、智能化制造为主线,以国家制造业创新中心建设工程、智能制造工程、工业强基工程、绿色发展工程、高端制造创新工程为抓手,以农机装备等十大重点领域为突破口,全面部署了未来十年制造强国战略行动路线图。2030年,中国即将实现工业化后期向后工业化的跨越,整个科技领域都在酝酿着新的变革,学科间的调整、重组必将导致传统学科的革命和新兴学科领域的诞生,为传统农业工程学科的变革带来新的契机。

第一、二次工业革命与中国失之交臂,第三次工业革命中国赶上了末班车,前三次工业革命尽管推动人类由农业社会进入工业社会,但以特色发展模式为基础的发展造成巨大的能源、资源消耗以及生态环境破坏使得人类不得不应对随之而来的能源与资源短缺、生态与环境污染等挑战。第四次工业革命中国将不会再错过,国家已将科技创新放在发展全局的核心位置。在以制造业数字化、网络化、智能化为核心技术的基础上,绿色化发展亦将成为本次工业技术革命的重要标志。在第四次工业革命的推动下,大规模、多元化的绿色、智能新兴工程技术即将兴起,农业工程学科的外延空间必将向资源、环境与生态等领域拓展延伸,以分子生物学为理论基础、新理论与新技术手段的融合将推动学科新理论体系的产生并进入新一轮生长期。

可以预计,到21世纪中叶,第四次工业革命的兴起将推动学科进入革命期,学科即可能完成从传统农业工程到现代生物系统工程的转型。密切关注当前国际科技前沿的应用与发展,是学科未来做好成功转型的重要前提。

3. 学科发展特征

一是从学科创建过程来看,1979年农业工程学会的成立是农业工程学科诞生的分水岭。1979年之前是部分分支学科创建、非体系化发展的30年,为学科理论与方法的创建及学科组织制度建设奠定了基础;之后的30年,是农业工程学科全面建设,形成完整学科体系、飞速发展的30年。中国农业工程学科地位确立之前,农业机械化、农业电气化和农田水利分支学科已经相继建立。20世纪50~60年代,国家把实现农业的农业机械化、电气化、水利化和化学化放在突出的位置,农业机械化类院校与研究机构得到较快发展,学科无论在队伍建设、研究方向,还是人才培养方面,都取得了一定的成绩。但不容忽视的是,新中国成立后近30年的时间,由于一味以追求粮食产量为目标,农业工程学科的建设始终片面地停留在机械化、电气化与水利化三个分支领域,忽视了对土地开发利用、农业建筑与生物环境、农产品加工、农村能源等领域的研究,导致农业工程学科内部各分支发展不平衡,并没有形成完整意义上的农业工程学科,学科发展处于学科理论与方法加速积累的前科学时期。中国农业工程学会的成立,为农业工程学科的体系化发展提供了可能。20世纪80年代开始,中国农业工程学科开始加快追赶国际农业工程学科发展的步伐,土地开发利用工程、农业建筑与生物环境控制工程、农产品加工工程、农村能源工程、农业工程经济、农业系统工程、电子技术在农业上的应用、遥感技术在农业上的应用以及农业机械化电气化工程等分支学科相继建立并成立相关的学术专业委员会,学科发展进入常规时期。

二是从学科发展趋势来看,学科引进模仿所带来的后发优势将逐渐减退,学科内部自主创新将取而代之。在中国加快工业化的过程中,后发优势与技术追赶效应同样出现在农业工程领域。对于发达国家已经成熟的科学技术与理论方法,发展中国家不需要投入的资源来重新研究和开发,而只要花费一定的成本通过技术引进、消化与吸收就可以把这些科学技术拿来并运用于国内生产实践之中,显著缩短了与发达国家的技术差距。欧美发达国家在20世纪60~70年代就已经实现农业机械化与现代化,发达国家先进的农业工程技术作为一种公共产品,具有溢出效应,对于科学技术比较落后的中国说是一个非常有利的条件。改革开放以来,通过借鉴、模仿与引进吸取欧美发达国家现成的学科理论体系与方法、学科制度建设及工程技术成果,总结经验教训,少走了许多探索弯路,学科无论在科研还是学科教育制度建设方面,均取得了长足的进展,这主要得益于学科发展所存在的后发优势。经过 30 多年的发展,中国农业机械化作业领域由粮食作物开始转向经济作物,由大田农业向设施农业,由种植业向养殖业、农产品加工业发展,由产中向产前、产后延伸,发展空间不断扩大,农业机械化发展已进入中级发展阶段。

近年来,随着发达国家核心技术溢出变得愈发困难,以低成本获得国外先进技术的空间正在缩小,农业工程高新技术领域面临核心技术缺失的严峻挑战。在发达国家“再工业化”和“制造业回归”战略出台的背景下,创新战略已成为当前中国发展全局的核心,加强学科自身建设,搭建产学研创新平台建设,进一步推动面向未来应用和高技术、高创新能力的人才培养已成为主流主流趋势。

总的来讲,中国农业工程学科的演进选择的是一条“后发创新型”路径,学科发展相继经历了由取道美国、后至模仿苏联、再到借鉴欧美,目前已进入以自主创新为主的新时期,学科发展阶段性特征显著,从“全盘仿制”到“有选择地借鉴”,再到自主创新,后发优势之后的原始创新将是中国农业工程学科发展路径的全新选择。

第四节　学科发展模式比较

欧美与中国农业工程学科演进与发展相比,无论是学科启动时间、形成条件、学科发展推动力量,还是学科发展路径以及发展过程,均存在显著的差异(表 4-10)。

表 4-10　欧美发这国家与中国农业工程学科发展模式的比较

类目	欧美先进内生型模式	中国后发创新型模式
启动时间	第一、二次技术革命	二次技术革命之后
形成条件	原生型,无成功案例、经验与模式可借鉴	受欧美成功经验刺激诱发内部变革
推动力量	个人经验与民间组织自发推动、自下而上的过程	早期政府行政力量作为主要推手、自上而下的过程;改革开放后民间力量推动学科正式创建
发展路径	自主创新学科理论与技术,包括学科组织与制度创新	早期以引进模仿国外先进经验为主,自主创新意识较弱;改革开放后,逐步变引进模仿为自主创新

类目	欧美先进内生型模式	中国后发创新型模式
发展过程	学科发展历经前科学时期、常规发展时期、危机期与革命期，现进入新一轮学科成长时期	受内外环境条件制约，学科发展几经调整，渐趋稳定并进入常规发展时期

从学科启动时间来看，欧美农业工程学科早在第一、二次工业技术革命，就已经开始孕育并逐步走向成熟，而中国农业工程学科的发端时间则远远晚于欧美国家，鸦片战争结束后才刚刚开始起步；从学科形成条件来看，欧美农业工程学科无前例可循，学科创建与发展均源自社会内部需求与科学技术的共同推动，是科学和技术在长期积累的基础上自发演进的结果，属于典型的先发内生型学科。而中国农业工程学科早期的诞生则是在欧美成功经验的驱动（国内外巨大差距所形成的挑成压力）与社会现实需求（摆脱落后现状、加速社会发展）的推动下形成的。具有典型的后发外生型学科特征。经历早期写进模仿之后。学科后期转向自主创新发展阶段，从学科推动力来看，欧美农业工程学科的发展政府参与度极低，推动力主要源自个人经验与民间组织自发推动，是一种自下而上的推动过程。而中国早期主要依靠集权型政治、由政府的行政手段作为推动力，推动学科的发展，但后期在民间力量的推动下学科得以创建；欧美国家农业工程学科无论是理论与技术还是学科组级与制度建设均依靠前期积累与自主创新。学科发展相对顺利。相继经历了前科学时期、常规科学时期、危机时期与革命期，是一个自然演进过程。中国农业工程学科早期则以引进模仿为主，由于社会政治环境等多方面因素影响，学科发展并不是一帆风顺，几经调整，现迈入常规发展时期，学科开始进入原始创新为主的发展时期。

通过上述比较不难发现，尽管中国农业工程学科创建与发展均落后于欧美发达国家，但后发型学科也有优势。通过借鉴与模仿，中国农业工程学科避免了学科早期建设不必要的探索过程，尤其是学科理论与方法的创建、学科科研与教育等学科组织与制度的摸索，节约了大量人力、物力与时间。学科通过前期借鉴与移植已经积累一定的经验与基础，但依靠外援毕竟不是长久之计，后期发展学科必将由"外援"转向"内生"，学科将依靠自身改革与创新而激发学科发展动力。

学科发展具有时空性，我们需清晰认识到中外学科发展差距是客观存在的。两种模式所承载的国情不同，当前发展阶段也不尽相同。中国目前所处的农业机械化与现代化阶段同北美以农业机械化为标志的农业现代化过程中的任何一个阶段都不一样，故目前中国还不宜在全国范围内推行将农业工程学科全部改造为北美农业生物系统工程学科的模式。但是,北美农业工程学科以生物科学或农业生物科学为基础的学科发展模式,为中国农业工程学科基础变革提供了一个可借鉴的方向,即在传统学科基础上拓展的同时,积极探索资源与环境对现代化农业的约束,将现代生物科学以及计算机为代表的最新科学技术成果及时融入农业工程学科中,包括学科专业体系建设和课程体系建设均应考虑这种融合。对于中国农业工程学科来讲,当务之急不是要制定明确的学科赶超目标和发展规划,而是需要清楚的认识与定位自身的发展阶段与水平,做好改革利弊分析,以国家近期与长远发展目标为根本出发点、以满足社会发展需求与科学技术发展水平为基础,制定相应的学科发展政策与战略,加强传统学科推进农业机械化与现代化的同时,密切跟踪发达国家学科发展新动向,有选择性地西为中用。

第五节　国际农业工程学科的前沿主题及发展趋势分析

一、数据来源及分析方法

CiteSpace 是由美国德雷塞尔大学陈超美开发的可视化文献计量学软件,被广泛地应用于科学知识的图谱绘制,能够将大量的文献数据转化为可视化的知识图谱,从而直观地呈现隐藏在大量数据中的规律,有效地显示知识单元间的网络、结构、互动、演化或衍生等诸多复杂关系。

本文选取 Web of Science 数据库农业工程学科的 4 种核心期刊 *Biosystems Engineering*, *Computers and Electronics in Agriculture*, *Transactions of the ASABE*, *Applied Engineering in Agriculture* 为数据源,检索 4 种期刊 2009—2019 年的论文,使用可视化分析工具"CiteSpace"(V5.5.R2)的清洗、除重处理后,共得 7410 条数据。

二、结果分析

1.研究力量分布分析

运用科研合作网络分析方法,网络节点分别为 Author、Institution 和 Country,分别得到农业工程学科的作者合作网络分析图谱、国家和机构共网合作网络分析图谱。高产作者主要有 HXIN,S IRMAK,X WANG,Q ZHANG,GUOQIANG ZHANG,发文量分别为 40,37,36,34,31 篇。高产机构依次为美国农业部(USDA ARS/ARS),中国农业大学(China Agriculture University),爱荷华州大学(Iowa

State University),佛罗里达大学(University Florida),堪萨斯特大学(Kansas State University),发文量分别为 785,227,202,183,167 篇。前五大高产国家/地区依次为美国、中国、西班牙、加拿大、意大利,发文量分别为 2905,1205,480,421,352 篇。由此可见,美国和中国地区的研究机构依次是农业工程学科两大论文高产地区。

2. 文献共被引网络分析

(1)研究前沿主题的演化分析

运用共被引分析方法进行可视化分析,运行后的共被引网络知识图谱,知识图谱网络包含 682 个节点,2450 条连接,聚类的模块化为 Q = 0.839,聚类主题的区分度较好,图中各聚类的名称是由软件根据被引文献的标题生成的。文献的共被引聚类结果中一共生成了 86 种聚类,其中节点数大于 25 的一共有 11 个。根据聚类标识词的语义结构和研究主题的相关性,将这 11 个聚类划分成几大研究知识群。

一是计算流体力学的应用。

聚类 0:畜禽养殖废气排放管理。畜禽养殖排放出的废气(包括氨气和温室气体)是农业生产的主要污染源,已逐渐引起各国的广泛关注,欧盟(EU)已经为不同的成员国设定了氨排放限制。计算流体力学(CFD)越来越多地被用于研究畜禽建筑物周围和内部的气流,开发减少排放的技术,并预测牲畜建筑物的污染物扩散。

聚类 6:CFD 有限元分析。计算流体动力学(CFD)在精准作物生产中的应用主要集中在温室系统,国内外对温室空气流量、通风率、辐射换热和作物阻力等方面的研究较多,但是对自然通风条件下蒸发冷却,特别是高压雾温室冷却的研究尚不多见;CFD 模拟还有一些应用于作物农药喷雾器效率的研究;CFD 对收获机械的优化设计和使用,以及耕作过程中土壤特性分析的工作还不多见。

二是机器学习的应用。

聚类 1:深度学习(DL)。深度学习是近年来图像处理和数据分析的一种新技术,其中涉及农业工程学科的研究成果大部分都在 2015 年以后。深度学习模型的高度层次结构和庞大的学习能力使它们能够特别好地执行分类和预测,具有灵活性,能够适应各种复杂情况。深度学习典型模型有 3 种:卷积神经网络模型、深度信任网络模型、堆栈自编码网络模型,绝大部分研究工作采用了卷积神经网络模型(CNN)。该领域的研究方向主要有作物类型分类、杂草检测、植物识别、水果计数、地表覆盖物分类、植物病虫害识别、土壤研究、牲畜养殖等。

三是农业机器人。

聚类 2：采摘机器人。在水果或蔬菜采摘机器人中，视觉控制用于解决在树木遮篷中识别物体和使用视觉信息摘取物体，由于缺乏可靠识别能力和精确采摘能力，农业机器人的商业发展受到了制约。目前基于视觉控制的最新关键技术改善了这种情况，这些技术包括视觉信息获取策略、水果识别算法和眼手协调方法。农业环境因为要被抓握的物体（如水果）的尺寸、形状、重量和质地具有不确定性，抓取力度不能过高，并且被抓物体趋向被部分或完全吸附，所以将感知分析集成在夹具设计阶段也非常重要。

四是无线传感器的应用。

聚类 3：物联网与无线传感器网络。物联网与无线传感器网络远程/实时检测技术目前是精准农业领域研究的核心，主要侧重于农田环境信息采集与监测、农田土壤肥力监测、多传感器数据融合、航空变量喷洒、农业无人机技术等。同时在智能农业装备、精准养殖、环境监测、太阳能干燥机、食品冷链检测等领域开发出新的应用。传感器云框架的出现增强了传统无线传感器网络（WSNs）在动态操作、管理、存储和安全方面的能力，使用传感器云框架可以有效地解决各种农业问题。植物表型研究始于 20 世纪末，致力于弥合基因分型和表型差距，并加快作物育种以促进作物改良。表型组数据包括可视图像数据、传感器数据及实验元数据等多种数据集，长期以来表型获取技术是整个作物育种中比较薄弱的环节，为了解决这些问题，世界上许多顶尖科研团队和商业机构开发了一系列高通量、高精度表型工具。2017 年，法国植物表型协会主席、法国国家农业研究院（INRA）作物生理学生态学家 Francois Tardieu 和诺丁汉大学植物学家 Malcolm Bennett 共同提出了多层次表型组研究构想，指出如何把室内和室外表型研究中产生的巨量图像和传感器数据转化为有意义的生物学知识将成为下一个表型组学研究的瓶颈。

五是精准养殖。

聚类 8：自动识别。在过去几十年中，畜牧业生产已从粗放型生产转向集约型生产。当前精准养殖技术包括收集现有信息的自动监测、管理信息系统、分析现有信息的决策支持系统，通过对潜在问题的早期预警，在任何特定时间检测和控制动物的健康和福利状况。

六是水文模型。

聚类 4：土壤和水评估工具（SWAT）。SWAT 是水文模型应用最广泛的开放兼开源软件，是一个概念性的、连续的时间模型，于 20 世纪 90 年代初开发，以协助水资源管理员评估管理和气候对流域和大型河流流域的供水和非点源污染的影响。SWAT模型已广泛应用于水沙循环和农药生产的试验预报中,当前研究热点包括水质问题、产沙量、模型标定、不确定度分析和敏感性分析。

聚类9:水文模型。国内外开发研制的水文模型众多,结构各异,按照模型构建的基础,水文模型可分为物理模型、概念性模型和系统理论模型三类。水文和水质(H/WQ)模型被广泛用于支持特定地点的环境评估、设计、规划和决策。校准和验证(C/V)是用来证明H/WQ模型能够在特定应用中产生适当结果的基本过程。

七是图像处理技术。

聚类5:形态特征。进入21世纪后,光谱分析技术和计算机视觉技术的融合发展进一步推动了计算机图像处理技术在农业工程学科的应用,主要涉及的内容有病虫害监测、作物杂草识别、作物生长状态、农产品质量检测、农产品分类、作物的产量估计、土壤的纹理识别、农产品的化学特征测定等多个领域。

聚类7:高光谱成像的变量分析。高光谱遥感是当前遥感技术的前沿领域,高光谱成像技术是将光谱技术和摄影(成像)技术结合在一个系统中的智能分析工具。目前,高光谱成像技术较多应用在食品和农产品的质量和安全检测过程中,其图像不仅用于提供几何、纹理和外观特征,还可以提供化学特性,专业无人机和固定翼飞机也可以搭载高光谱设备,其图像具有分辨多种作物特征的能力,包括养分、水分、害虫、疾病、杂草、生物量和冠层结构。

聚类10:地面激光扫描仪。地面激光扫描仪(Tlss)被用于林业和果树生产应用,测量树木的三维几何特征,估计树冠体积或果树叶面积。基于这些测量信息开发管理系统,主要应用有杀虫剂的喷雾、灌溉、施肥等。

(2)高突现文献分析

在文献共被引网络中,文献的突现强度是指该文献在一段时间内被引用的频次突然增加的程度,突现强度越强,代表该研究问题被关注的程度越高,越能体现这一时期的研究前沿。利用Cite Space抽取出不同时间段突现强度较高的文献信息(表4-11)。通过对高突现强度的文献分析,可以探测出国际农业工程学科研究前沿随时间的演化趋势。

对表4-11中突现强度较高文献的研究主题进行提取,探测出2009—2019年,农业工程学科研究前沿呈现多元化发展趋势,无线传感器应用、农业机器人一直是农业工程学科的前沿问题。从整体看,2009—2012年的前沿研究领域为水评估模型、精准农业、CFD、无线传感器应用、农业机器人等;2013—2015年的前沿研究领域为水评估模型、SWAT、无线传感器应用、深度学习、植物表型等；2016—2017 年的前沿研究领域为植物表型、深度学习、SWAT、光谱农产品质量检测、植物病虫害检测、采摘机器人、土壤光谱分析、无线传感器应用等；2018—2019 年的前沿领域为深度学习、光谱农产品质量检测、采摘机器人、图像分割、无线传感器应用等。

表 4-11　不同时间段突现强度较高的文献信息

文献名称	突现强度	突现起始年	突现结束年	2009—2019 年
The soil and water assessment tool: historical development, applications, and future research directions	6.9283	2009	2012	
Wireless sensors in agriculture and food industry – recent development and future perspective	3.5642	2009	2014	
The DSSAT Cropping system model	3.2056	2009	2011	
Model evaluation guideline for guideline for systematic quantification of accuracy in watershed simulations	10.4257	2010	2015	
Autonomous robotic weed control systems: a review	3.5148	2011	2016	
Sensing technologies for precision specialty crop production	3.4005	2011	2016	
Net radiation dynamics: perfor mance of 20 daily net radiation models as related to model structure and intricacy in two climates	3.3586	2011	2015	
Influence of sampling positions on accuracy of tracer gas measurements in ventilated spaces	2.6231	2011	2014	
Phenomics – technologies to relieve the phenotyping bottleneck	2.7162	2014	2017	
LIBSVM: a library for support vector machines	5.2663	2015	2019	
SWAT: model use, calibration, and validation	2.8241	2015	2017	
A review of advanced techniques for detecting plant diseases	3.4347	2016	2017	
Sensors and systems for fruit detection and localization: areview	3.3939	2016	2019	

续表

文献名称	突现强度	突现起始年	突现结束年	2009—2019 年
Design and control of an apple harvesting robot	3.3141	2016	2019	
Bruise damage measurement and analysis of fresh horticultural produce—a review	2.8147	2016	2019	
Vision-based control of robotic manipulator for citrus harvesting	2.6083	2016	2017	
Chapter five- visible and near infrared spectroscopy in soil science	2.6083	2016	2017	
An image-processing based algorithm to automatically identify plant disease visual symptoms	2.6083	2016	2017	
Harvesting robots for high-value crops: state-of-the-art review and challenges ahead	3.3939	2016	2019	
A survey of image processing techniques for plant extraction and segmentation in the field	2.7572	2017	2019	

三、研究结论

本文借助 Cite Space 可视化软件对农业工程学科 2009—2019 年的文献进行科研合作网络分析和多视角共被引分析方法。研究结论如下:

1.农业工程学科的研究力量来自多个国家和机构

其中美国和中国的研究机构是两大高产出地区。另外,通过发文突增性发现美国在该学科的文献贡献率具有较大突破。

2.农业工程学科呈多元化发展的趋势

自 2009 年以来,随着对环境问题的关注,围绕流域水质量管理、水质改良研究、畜禽养殖废气物的处理和排放等研究持续受到关注。随着光谱传感技术和图像处理与分析软件的日益成熟,光谱技术研究迅速升温,其在精准农业中的应用始于土壤有机质传感器,并迅速多样化。近年来,高光谱技术成为光谱技术的研究热点,越来越多地应用于食品和农产品的质量和安全检测、航空遥感。随着人工智能技术的进一步发展,现阶段图像识别、深度学习等人工智能技术已经深入农业生产的很多方面,深度学习是近年来图像处理的数据分析的一种新技术。

农业机器人近十年来一直都是研究热点,随着视觉控制技术的发展,采摘机器人近几年成为该领域的研究热点。物联网与无线传感器网络远程/实时检测技术在精准农业、精准养殖等领域应用成为新的关注点。

第五章　学科人才培养模式与课程体系的演变

第一节　通才教育与专才教育

在不同的历史阶段,一个国家的人才观及教育价值观的不同,高等教育对人才培养模式的选择也不尽相同,通才教育与专才教育是其中两种最基本的人才培养模式。

一、通才教育

美国是通才教育的集大成者,英国、法国和日本的农业工程教育也趋向于通才教学模式。20世纪30年代,美国著名的教育改革家和思想家 R. M. Hutchins在教育实践的基础上首先提出通才教育理念。他认为,高等教育的核心是通才教育,大学的学科专业教育应建立在通才教育的基础之上。1945年,哈佛大学发表了题名为《自由世界的通才教育》的报告,对美国高等教育的发展产生了巨大的影响。报告指出,大学教育的目标,应该是培养"完整的、有教养的人",这样的人应该具备四项最基本的能力:首先是有效思考的能力。其次是清晰沟通的能力。再次是正确的判断能力。最后是具有分辨普遍性价值的认知能力。同时,要培养学生的这些能力,必须给予学生全面的知识,通才教育课程应该包括人文科学、社会科学和自然科学三大领域。

1. 通才教育的内涵

所谓通才,就是指知识面较广、发展较全面的人才。何谓通才教育?一般来讲,通才教育是指专业面宽或横跨几个专业的、覆盖面广的一种教育,培养能适应若干种职业或专业的人的教育。这种教育强调人文、社科与自然科学的均衡学习,培养学生宽泛的专业知识面,是一种个性得到全面发展的人才培养模式。

2. 通才教育模式的创新与发展

人才培养模式受社会生产力、政治制度及科学技术发展水平的影响较大,是一定历史条件下形成的产物。20世纪70~80年代,随着国际科技、经济竞争日趋激烈,知识更新不断加快,美国国内产业结构变化迅速,人才需求受市场支配日益明显,农业工程学科就业率持续降低、学科整体入学注册人数减少。此外,由于不加限制的自由选修课程,毕业生知识面过于宽泛、缺乏沟通交流能力、批判性思维与逻辑思维不足、独立工作能力及团队合作能力较差等问题也随之而来,加速了美国高等教育改革进程。20世纪90年代以后,为改变农业工程学科发展所面临的各种困境,学科对通识教育与专业教育进行了全面改革。

(1)确立通识教育目标,重构通识课程体系

为解决备受关注的本科教育质量及教育效果等问题,多数高校成立了由教师构成的通识教育工作委员会,由该委员会组织与指导通识教育课程改革。委员会工作职责主要涵盖三个方面,一是明确和制定通识教育目标,二是重构通识教育课程体系,三是组织课程规划的实施并跟踪与评价教育质量。本次改革不同院校立足于各校具体情况对通识教育提出了清晰的目标,如加州大学戴维斯分校1996年提出的通识教育目标包括:为所有专业领域的学习提供课程选择机会以此促进学生宽阔的知识面,通过不同学科知识及研究方法的学习来持续推动学生知识增长,通过加强写作训练与课堂参与促进学生学习兴趣,鼓励学生将已知方法与理论应用到更高层次课程学习中。基于上述目标,提出由Topical Breadth、Social-Cultural Diversity及Writing Experience三部分组成的通识课程体系。与以往相比,课程在培养学生写作与语言表达、推理及批判性思维、提出与解决问题、信息处理能力方面得到加强。

(2)创设跨学科交叉课程,强化专业基础教育

为适应社会中出现的各种新问题及高科技发展带来的新需求,农业工程学科开始重视跨学科领域的知识学习,设置了许多跨学科专业和跨学科交叉课程,允许学生跨专业、跨学科和跨学院进行学习,培养学生多学科角度思考问题和解决问题的能力。通过不同学院、不同学科、不同领域的教师和研究人员的协作,促进学校跨学科人才的培养,积极寻求学科新的发展机遇。在重构通识课程的同时,加州大学戴维斯分校1996年将专业领域课程由原先的84学分提高至90学分。通过开设生物学导论课程,大力加强生物学、生物系统和应用性农业科学课程的教育,其目的主要是要促进科学理论教育与工程技术专业教育的结合,加强学生关于工程手段对生物、植物、动物、人类和环境的潜在影响的理解,从而使得学生在保证具有宽广的基础理论知识的基础上,专业知识得到进一步的强化。

(3)加强不同院系间人才培养合作,拓宽专业领域

传统的科学研究与人才培养是按学科界线划分的,不同院系之间很少开展

合作。科学的交叉与融合使得许多问题的解决需要多个学科领域相互配合,这样跨学科人才的培养显得比以往任何时候都更为必要和迫切。因此,拆除学科间壁垒,加强跨院系合作,开设新的专业,设置新的课程计划,汇集不同专业教师从事合作研究,进行联合培养,已成为美国研究型大学改革中的一个重要发展趋势。以加州大学戴维斯分校为例,生物与农业工程系隶属于工学院和农业与环境学院,生物系统工程专业将生命科学与工程学科有效联系在了一起,使小到分子、大到生态系统,范围广泛的生物系统基础理论及其发展前沿与工程技术得到了有机融合。工程学与生物学教师之间的有效合作,使教师对学科前沿以及自身研究专长的定位有了更为清晰的认识,合作研究领域广泛涉涵盖农业生产、自然资源、生物工程及食品工程,促进了学科人才的培养。

总体来看,美国农业/生物系统工程教育模式按照现代科学发展趋势,一方面建立了以基础理论知识为基础,"人的培养"和专业知识教育互相并重,强调在综合能力培养基础上的专业教育;另一方面,通过采取设置跨学科机构、跨学科专业和跨学科课程等方式,以加强相关学科之间的联系、渗透。通才教育模式开始由重点强调"通才"向"宽口径+厚基础"的复合型人才转变。

二、专才教育

专才教育是相对于通才教育的一种人才培养模式,苏联是实行专才教育培养模式的典型代表,德国、法国也偏重于此。苏联建国初期,为满足国家工业化方针的需要,按照国民经济具体部门和某些地区的具体要求,在国家总体规划与指导下设立综合大学和单科性专门学院来分门别类地培养各个领域的专家,对促进国家经济建设和实现工业化做出了重要贡献。

1. 专才教育的内涵

所谓专才,是指对某一专业或某个领域的某一方面有深入研究的人才。也有学者认为,专才教育一般是指以培养具有某一学科的基本理论、知识和技能并能够从事某种职业或进行某个领域研究的人才为基本目标的教育模式。简而言之,专才教育就是指培养专门人才的教育。与通才教育不同。专才教育不特别强调学生的能力和素质的全面发展。而是更注重学生的实践技能以及是否能够胜任行业的实际需要,重点在于学生实际工作能力的培养。

2. 模式的创新与发展

苏联建国初期至20世纪20~30年代,其人才培养模式是按具体部门和地区的需要培养定制的"现成的专家",该"专才教育"模式曾经一度取得成功。但是,随着世界经济格局的变换及世界新技术革命的兴起和发展,科学技术呈现日新月异的发展态势,这种受高度集中、整齐划一经济管理体制所制约的"专才教育"的局限性逐渐被暴露出来,专才教育模式培养的毕业生知识面狭窄的问题日趋突出,在工作领域的转移和科学技术发展的适应性上愈发显现窘境。为了改革过于狭窄的"专才教育"的弱点,苏联在"二战"结束之后,就开始了一系列专才教育模式改革的探索。

(1)调整专业结构、拓宽专业面

"二战"后,为实现国民经济快速恢复和生产部门科学技术的高速发展,进一步拓宽培养专家的知识面,扩展新专业和扩展专门化的教学,高等工业教育采取了缩减专业课程、取消部分过细的专业课、增设具有广泛科学理论意义的普通专业课和普通基础课等一系列改革。20世纪50年代中期,专业由600多种减少合并为270多种,通过归并、调整的方式,减少划分过细、过窄的专业,以此扩大专业面,培养专业面宽的人才。60年代后,为了解决专业分得过细的问题,进一步强调"高等教育的目前倾向是培养具有广泛业务能力的现代专家",以培养学识广博的现代通才。

(2)拓宽基础、加强科研训练

加强基础知识是扩大专业面的重要保证。1972—1974年,以加强学生基础和普通科学培养为目的,强调基础理论+专业训练+方法论的综合教育。工程专业教育的内容有了本质的变化。例如,要求所有工程专业都要学习电子计算机技术和生产过程自动化等新技术,并把参加科学研究作为培养未来工程师的不可分割的组成部分。1974,苏联教育部颁布了《高等学校大学生科研工作条例》,对大学生参加科研的目的、任务、内容、方法和奖励等做出了明确规定,高校开始把本科生的科研训练列入正式的教学计划中。70年代后期,教育主管部门又提出要培养"知识面较宽的专门人才",强调知识综合化和多元化。

(3)加强文理互通、开设跨学科课程

第三次工业科学技术革命急剧加速了传统科学知识结构的裂变,科学研究领域相互渗透与分化趋势越发显著,一系列涉及国计民生的重大议题不得不借助跨学科研究来解决,对高等教育加强学科之间的相互渗透和相互交叉提出新的要求。在此背景下,"人文科学数学化,自然科学人文科学化"理念被提出,人文素质与能力培养并重被强调。80年代以后,苏联高等院校相继开设跨学科的课程,增设了指定与自由选修课,以拓展学生知识面。培养既博又专的人才已成为高等学校培养的一个总体目标,但这种目标既不是美国的通才培养模式,又不同于以往过度强调专业方向的专才培养模式。

归纳起来,苏联的人才培养模式改革主要以加强基础课程、减少专业课程为主,扩大专业口径的同时,注意加强跨学科学习和学生研究能力的培养。培养模式经由"专才教育"→"知识面较宽的专门人才"→"研究工程师"转变,采用的是一种循序渐进式的变革方式。

三、通才教育与专才教育的关系

如表5-1所示,两种培养模式在高等教育培养目标上具有一定的内在统一性,都以培养适应社会需要的合格人才为目标。从人才结构的角度来看,通才与专才都为人才,是人才的两种不同类型。两者没有绝对的优劣之分,均满足了不同国家不同时期经济建设与科技发展需要。从人才培养规律来看,两种不同的模式源自不同的社会制度,在特定的社会条件下,不同模式都符合相应的社会发展规律与人才培养规律,所培养的人才在社会中到找到了自己的适宜岗位,发挥了应有的作用。但两者模式缘起不同,因此也存在一定的差异。

表 5-1 通才教育与专才教育的比较

类别		通才教育	专才教育
差异	知识结构	侧重基础训练,强调通识教育的重要性,力求体现知识综合性	关注专业需求,重点强调专业教育,力求体现知识专业性
	专业设置	专业设置宽口径,专业界限被弱化	专业设置过细,专业面较窄
	招生就业	市场经济指导下,一切由劳动力市场决定	计划经济指导下,国家统招统分
	培养模式	一专多能,德才兼备	某一专业领域的专家或技术人才
共性		两种模式培养的人才均满足了不同时期不同国家经济建设与科技发展需要,符合相应的社会发展规律与人才培养规律	

1.在知识结构的组织上,基础训练与专业教育各有侧重

通才教育比较强调基本理论、基本技能和基本方法的训练,重视培养学生解决各种复杂、深刻问题的能力。实现通才教育的主要途径是设置通识教育课程体系,力求体现知识的全面性和完整性,课程广泛涉及人文、社会科学、艺术、自然科学和工程科学等领域。在此基础上,再给予必要的学科专业知识,充分体现学科之间的相互交叉、渗透、融合,有助于学生终身学习能力与创新能力的培养。也就是说,通才教育首先关注的是"人"的培养,其次才是将学生作为职业人来培养。基础知识的设置并不是为了紧密结合专业知识,而是为了培养学生具有做

人、做事、做学问的基本素质,给予他们今后从事职业所需要的基础知识和技能。专业知识的学习,不仅是为了学生今后选择职业的需要,更重要的是通过学科专业的学习,培养学生从事该专业的能力和意识。

专才教育更为关注专业需求,侧重实践技能培养。专才教育模式给予学生的基础知识主要是基于专业的需要,学生所获得的基本能力也主要是为专业服务,基础知识与基本能力的培养都是围绕专业能力展开的。在专才教育培养模式下,学校根据政府统一制定的人才培养质量标准来制订专业教学计划、设置课程,教学内容比较系统、完整,教学上有规定的统一模式,有统编教材,比较重视专业课程教学,尤其重视应用和操作性,有利于学生毕业后在该专业范围内较快熟悉业务,出成果。由于专才教育主要是针对具体岗位和行业需要来进行的,学生在毕业之后能较快适应社会岗位的需要,但容易导致培养的人才短期内具有不可替代性。

2. 在专业设置上,两种模式专业口径宽窄不一,各有偏重

通才教育专业设置口径较为宽泛,专业界限被弱化。通才教育主张提高人文道德修养和增长科学文化知识两者并重,不提倡学生过早研修专业。模式强调宽广的理论基础知识与工程科学的结合,有利于培养基础理论扎实、知识面宽、适应性强的人才。在美国,学生入学后在接受两年或更长时间的基础教育之后,通过主修课与选修课的选择,自行组合各自不同的专门知识能力结构。因此,专业选择实际上是学生通过不同的课程组合而形成的专门化倾向,这种专业的确立是要到课程的后期才逐步形成。不仅如此,美国高校学生有充分选择专业、转换专业的权利,这种开放式的专业管理模式给了学生更多的"择业"机会。除自由选择专业之外,学生在课程选择上也有很多机会,学校鼓励跨学科、跨专业学习。"宽口径、厚基础"的人才培养模式不仅有利于学生按照自我兴趣和爱好选择相应的课程与专业,更有利于拓展学生未来的就业领域。

与通才教育截然不同,专才教育模式主要按照行业门类和产品设置系科和专业,专业设置过于细化,专业面比较窄。专才教育早期在课程体系的设计上知识结构单一,比较重理轻文,教学管理和实施过程过于整齐划一,灵活性不够。在文化素质教育上方面,专才教育不及通才教育丰富,课程设置有明显缺陷,缺乏个性化发展机会。对于专才教育模式,学生在课程选择和专业转换上缺乏一定的自由度,此种模式重点强调与经济建设直接相关的专业教育和实践培训,旨在培养毕业后能立即发挥作用的"现成的专家"。专才教育模式学生毕业实行国家统一分配,到企业经过短暂的见习期后立即投入工作。尽管上手很快,但毕业生发展后劲不足,面对科学技术的飞速发展变化,相对缺乏创造性和适应性。

3. 在招生就业方面,不同模式是与其社会制度相适应

人才培养模式是基于特定的历史条件与社会背景下形成,不同模式源自不同制度。通才与专才教育两种模式之所以不同,一方面是由于美、苏两国的政治经济制度不同。美国通才教育模式是市场经济的产物,充分反映了现代科学技术在高度分化基础上的高度综合的总体发展趋势,其高等教育从招生到毕业分配完全由劳动力市场决定,毕业生自谋职业,由市场调节。在此背景下,学生专业性太强容易造成就业困难,而通才教育为学生扩大就业范围提供了较大的适应性;另一方面,通常美国的大企业、大公司都具有自己的专业培训机构,就业后的学生需要经过企业有针对性的培训之后才能上岗。美国农业工程学科的本科生大学阶段主要获取的是学科坚实的基础知识、良好的人文素质及宽泛的专业知识。要想成为一名合格的农业工程师,毕业生还需要参加美国工程教育学会(ASEE)与美国工程技术认证委员会(ABET)资格考试,获得相应的职业资格认证。相比之下,苏联是计划经济的国家,苏联在20世纪30年代开始工业化,急需各种专业技术人才,通才教育不能满足工业建设的迫切需要,因此急需大力发展专业教育。苏联高等教育从招生到就业分配都是按国家计划进行。虽然统招统分不一定很科学、很精确,但按照计划进行专业训练加快了人才培养速度,毕业生去向明确,为满足特殊时期人才需求发挥了重要作用。

一个国家究竟应该选择通才教育还是专才教育,是由其历史根源、社会背景、政治制度、经济制度及科技发展水平所决定的。无论是美国通才教育模式,还是苏联专才教育模式,都是建立在其各自基本国情基础之上,与其经济、文化、社会状况及其各自高等教育的整体发展相适应的。通才教育与专才教育二者之间并没有绝对的、严格的界限,仅仅是教育程度的差异,两种教育模式是互为辩证统一的一组概念。20世纪70年代以来,伴随第三次科技革命的开始,社会、经济、科技与文化的发展和高等工程教育改革的不断深入,美苏两国在实施通才教育和专才教育两种培养模式的实践中相互取长补短,使得这两种模式得到进化发展,孕育出适合各国国情的现代化人才培养模式。进入20世纪90年代后,两国人才培养模式已有较多共性,从课程整体结构的设置来看,通专结合是课程体系的共同发展趋势,课程结构既重视学生专业知识的培养,又强调使学生获得全面素质的发展,两者殊途同归。

第二节　中国农业工程人才培养模式的选择

作为中国高等教育的一个重要组成部分,农业工程教育模式的形成、发展与演变随中国高等教育大环境的变化而变化,先后经历了取道美国,后学苏联,再借鉴美国的过程。因此,农业工程学科的人才培养模式先后经历了从通才教育—专才教育—(通+专)融合的变迁。

新中国成立前,金陵大学与国立中央大学照搬美国20世纪40年代的通才教育模式相继创建农业工程系并开始招收本科生开始,人才培养模式属于通才教育,但仅仅是昙花一现。

一、解放初期的专才教育模式

受建国初期政治环境影响,美式通才教育模式很快被否定。1950年,第一次全国高等教育会议发布《关于实施高等学校课程改革的决定》中指出,高等学校应培养适合国家经济、政治、国防和文化建设当前与长远需要的人才,实行适当的专门化。根据会议精神,政务院随后颁布的《高等学校暂行规程》中明确提出,"适应国家建设的需要,进行教学工作,培养通晓基本理论与实际运用的专门人才"是中华人民共和国高等学校的重要任务。

自此,中国高等教育开始全盘仿制苏联:培养目标参照苏联"各种专门家和工程师"加以设置;专业设置上强调按国民经济计划对口培养专门人才,以"专才教育"思想制订专业培养目标,专业名称的命名主要以产品和职业为依据,专业面很窄,专业技术特色较为明显;在课程体系方面加强基础知识和基本技能的学习,知识传授采用"基础+专业基础+专业"模式。

中国高等教育放弃通才教育模式、选择专才教育模式是特殊历史时期下的产物,在相应的历史阶段为培养国家培养了大批急需的农业机械设计制造和农田水利工程等领域的高级技术人才。然而专才教育也有其弊端,一方面由于过分强调教育共性和统一性而忽视甚至扼杀了学生个性;另一方面,过于重视专业教育,人文社科类课程设置薄弱,忽视了对学生人文素质、智力与能力的培养,培养的学生具有一定的知识但学生社会适应性差,发展后劲弱,缺乏创新与应变能力。

二、改革开放后人才培养模式的探索

改革开放打开了中国的大门,国外高等教育改革的思潮不断涌入中国。欧

美国家高等教育对能力培养的高度重视,以及国内用人部门对大学生能力低下的不断反映,促使中国高等教育开始反思建国30年来只重视知识传授而不重视能力培养的片面性与危害性。专才教育过分强调"学以致用",培养出来的学生创新能力不强,已不适应迅速发展的市场经济对科技人才的新需求。因此,改革传统的人才培养模式,构建适应中国市场经济机制下的新型人才培养模式成为历史的必然选择。

1. 改革开放初期从重视专业知识到重视能力的转变

20世纪80年代初,国家提出"加强基础,发展智力,培养能力"教改12字方针。此时衡量人才的标准是一个人能力的高低,人才培养模式也由过度强调专业知识教育转为知识与能力并行的教育,以"专才教育"为特征的人才培养模式开始向专业面加宽、基础加厚方向拓展。中国高等教育界开始注意强化基础教育、拓宽专业知识和强化能力培养。但受到计划经济体制制约,高等院校招生与就业制度实行"统招统分",人才培养仍以专才为主。此外,招生专业一直沿用20世纪60年代制定的目录,专业划分过细、课程设置重理轻文、知识结构单一导致毕业生技能单一,只能在很窄的专业范围内发挥作用,缺乏对知识和技术的综合、重组和创造能力,发展后劲不足、创新与应变能力缺乏等问题仍然存在。

2. 80年代中期从重视能力到重视非智力因素的转变

1985年5月27日,《中共中央关于教育体制改革的决定》发布,明确提出改革高校招生与分配制度。实行多年的国家"统包"的招生制度,变成了不收费的国家计划招生和收费的国家调节招生同时并存的"双轨制"。招生与分配制度的变革对人才培养模式提出了新的要求,显然专才教育模式已经不适应毕业生自主择业的需求。与此同时,教育界也意识到非智力因素(包括政治品质、思想品质与道德品质等)对于人才培养的重要性。国家把12字方针发展到15字方针,即加强基础、发展智力、培养非智力因素,中国高等教育进入了一个新的发展阶段。1986年11月,《普通高等学校工科四年制本科教育的培养目标和本科教育的基本规格(征求意见稿)》明确提出:"培养适应社会主义建设需要的、德智体美全面发展的、获得工程师基本训练的高级工程技术人才",要求通过拓宽专业口径,建立合理的知识能力结构来增强毕业生适应性。高等教育对拓宽人才知识面、强化基础、增加通才教育提出了更高的要求,有学问、会做事、会做人成为评价高级工程技术人才的基本标准。

3. 90年代后期提出通专结合的复合型人才培养模式

进入90年代以后,中国逐步完成了由计划经济向市场经济的转变,高等院校毕业生就业全部走向市场化,迫切要求人才培养模式的进一步转变。90 年代初,相关部门明确提出了加强人才素质教育问题,把人才培养模式由传统的知识教育模式转变到包括知识、能力在内的"厚基础、宽口径、重能力、高素质"教育模式上来,即知识+能力+素质并重的复合型人才培养模式。所谓"厚基础、宽口径、强能力、高素质",就是要求人才具备厚实的基础科学和基础理论知识及必要的人文、社会科学知识,通过促进学科交叉渗透,逐步打破传统以院系为单位培养学生的体制束缚,通过推行学分制,缩减必修课。增加综合知识类选修课。拓宽专业口径。弱化专业边界,加大专业深度,成为能适应跨专业、跨学科工作和研究的复合型人才,主动适应社会和岗位的需求。复合型人才培养模式的优势在于它的适度,它既避免了专才的"过专而缺乏博",又避免了通才的"过宽而缺乏专",是专才教育与通才教育的融合,既有较宽的基础知识体系,又有较深的专业才能,从而使它更具创造性和适应性。

三、运行中存在的问题及对策

从总的发展轨迹看,中国人才培养模式有一个从重知识到重能力、再到重素质的发展过程,是由"通才教育""专才教育"模式逐步向"通+专"结合模式转变和适应的过程。进入 21 世纪以后,复合型人才培养模式得到了多方认可,但运行多年下来,仍存在以下几个方面的问题。

1.人才培养与实际岗位需求脱节,用人单位参与度低

在"厚基础、宽口径"培养理念被工程教育界普遍认同的当下,却有不少用人单位提出希望学校进一步针对岗位设置培养人才。一方面,用人单位急需人才;另一方面,毕业生求职无门,造成供需双方错位和不能有效对接的症结在哪儿?当前人才培养究竟是要宽口径还是适应市场需求的专口径?答案其实很简单,高校所采取的"宽口径"人才培养模式与企业所需专业深度要求并不矛盾。"企业在用人上讲求的是实用、好用原则,需要员工有比较强的职业素养"。何谓好用?何谓实用?很显然,企业等用人单位实际需要的不是适合所有岗位的"全才",而是能胜任某个岗位、同时又一专多能的人才,这些能力与素质的培养都需要在校期间通过学习获得。用人单位之所以提出"好用"与"实用",其实理由很实际:一是企业没有精力去培养人才,二是培养成本太高,这是一个很现实的问题。但是一直以来,中国农业工程人才培养模式的形成与制定都是局限在高等教育机构本身与主管机构之间,缺乏企业与社会用人单位等的参与,社会究竟需要什么样的人才?教育机构一家说了算。人才培养与真实的生产环境、市场需

求存在一定的差距,这是导致人才培养与人才需求之间错位的主要原因。

2. 专业教育重理论、轻实践,被学术化问题较为突出

高等教育的基本职能包括培养人才、科学研究和服务社会。但不可否认,近年来中国高等教育改革出现一种特殊的现象,不同的院校都在积极争取将自己定位为综合型或研究教学型大学。受大环境影响,很多院校的农业工程教育开始选择走学术化的道路,过度强调学科的科研投入与成果产出,而培养专门人才的职能则在不断地被弱化。与其他学科一样,中国的农业工程教育是按照教育行政部门的统一设置专业制订教学计划、编排课程,人才培养模式高度集中统一,基本上是一个标准模式培养出来的。为保证"厚基础、宽口径"教育方针的实施,多数院校要求学生所掌握的知识既要面宽、又要专深,以满足毕业生从事各项工作的需要。因此,在教学方案的编制上多采取"多课程、高学时"的方案,在课程设置上技术性和实践性的内容不断削减,而理论性的内容不断增加;学生以知识理论学习为主,深入企业实践训练机会很少,接受项目训练和团队合作工作的实际机会就更可想而知。此外,目前多数高校与企业的深度合作较少,师生真正深入企业学习与实践的机会不多。即使有,多数是走马观花,以参观为主,带着项目或有针对性地去解决实际问题的就更不多了,导致师生的专业能力与实际的社会需求之间出现了脱节。因此,在就业上表现出能力与岗位的不匹配就成为必然现象。

3. 青年教师的工程实践能力不足,显著影响教学效果

青年教师作为高等工程教育队伍的主体力量,担负着培养工程技术人才的重任。近年来,随着青年教师队伍的不断壮大,青年教师工程实践能力不足等问题开始逐渐暴露出来,导致青年教师缺乏工程实践能力的原因是多方面的。

一是高校进人制度的设计问题,只片面关注青年教师学历层次、理论水平与科研水平,而忽视工程实践经验与实践能力的要求。欧美国家的工科教师,其入职的第一个门槛是必须具有规定年限的工程师职业经历和一定的技术开发成就才能获得任职资格。反观中国,近年来各高校进人要求非硕即博,高水平论文数量成为一条硬指标。青年教师从学校毕业后直接加入教师队伍,自身缺乏长期的工程实践和工程师背景,毕业即上岗,而走上工作岗位后,又由于学校制度和政策等方面的原因,教师自己都没有到企业接受系统的工程实践锻炼机会,培养学生又从何谈起?青年教师对国内外前沿性的农业工程技术缺乏了解,在教学过程中很难用鲜活的工程案例来激发学生学习动力,很大程度上制约了学生工程意识与工程实践能力的培养与提高。

二是高校考核与激励机制问题。当前国内高校工程教师普遍存在"工程化"不足的问题,受高校过于钢化的考核与激励机制的影响,至今还未引起教师本身的关注与重视。在重科研、轻教学,重理论研究、轻工程实践的大环境下,几乎所有的高校对工科教师职称评定、岗位聘任以及相关奖励政策的考核评价均瞄准了到校项目、经费数量、发表论文级别与数量及奖项上,而不是靠做了多少工程。高校政策制度的导向大幅影响了青年教师参加工程实践锻炼的积极性,加之多数高校对青年教师工程实践能力的培养并没有引起足够的重视和支持,这也成为影响青年教师工程实践能力不足的一个重要原因。很难想象,自身工程实践能力不足的教师如何能够培养出满足工业化发展所需的优秀的、具备工程实践能力的学生。

对于中国来讲,农业工程学科教育选择何种教育模式的问题是一个比较复杂的问题,不仅需要与中国的经济体制改革相适应,而且需要综合考虑中国农业现代化发展进程、高等教育的改革与发展方向等。到底哪一种模式更适合农业工程人才培养?其实人才培养模式不是固定不变的,是一个动态的发展过程。学科人才培养模式的选择应立足于现实需求有选择性地加以抉择:

一是立足国情,构建"通+专"融合培养模式。通才教育与专才教育都是培养专业人才,并无明确的界限,其差别并不在于是否分专业培养专门人才,而在于培养人才所设置的专业面是宽还是窄。随着科学技术的加速发展,科学高度分化与高度综合趋势越发显著:一方面,学科划分越来越细,分支越来越多;另一方面,学科综合、整体化趋势越来越强烈。越来越多的边缘学科、交叉学科、综合性学科逐步形成,不仅自然学科内部分化、交叉趋势明显,自然科学与社会科学、人文科学交叉、融合趋势也越来越显著。农业工程学科是综合物理、生物等基础科学和机械、电子等工程技术而形成的一门多学科交叉的综合性科学与技术,是典型的多学科交叉的产物。学科高度分化与高度融合对高校人才培养模式与知识结构构成提出了新的要求,人才培养不仅需要其具备某类专门知识,而且必须具备更为宽广的知识基础。要实现上述培养目标,通才教育和专才教育模式的相互融合将是必然的发展趋势,只是融合的程度需要根据市场经济下社会需求做出适当的调整,不能千篇一律,实行一刀切。

通才教育的形成与发展需要建立在高等教育逐步大众化甚至普及化的基础之上,进入 21 世纪以后,中国高等教育已实现了从精英教育到大众化教育的转变,实现通才教育已具备一定的基础条件。但是值得注意的是,未来我们在加强通才教育的同时,仍不能完全摒弃专才教育。专才教育模式在培养社会急需专业人才方面有着无可比拟的优势,而且对中国来说,目前仍缺乏大批专业人才。坚持通才教育和专才教育的融合是农业工程学科人才培养模式未来发展的主要趋势。

二是立足地域定位,创新多元化人才培养模式。在今后相当长一段时间内,中国仍需要大力发展农业工程学科,以适应农业现代化的发展。农业工程本科专业建设应把握好培养通用人才与专业人才相结合的尺度,提高学科声誉,加强社会认可度。在确定人才培养模式之前。要注意结合各高校所属地域的社会、经济发展情况及地方用人单位对专业人才的具体需求,在发展通才教育的基础上加强专业教育与素质教育,培养既有扎实的基础知识,又具备较高的个人综合能力、创新能力和团队合作精神的高素质人才。在选择通才教育与专才教育的融合程度上,一定要因校、因地制宜。不同的院校使命不同,承当的社会责任不同,教学型院校可选择以专才教育为主、通才教育为辅的模式,即在厚基础的前提下,侧重于专业与实践教育训练,为当地输送合格的专业技术型、应用型人才为主;研究型院校则可以通才教育为主、专才教育为辅,在强调厚基础的同时,注重"宽口径、重能力、高素质"人才的培养,办出学科自身特色;教学科研型院校则可以结合专业具体情况,分类指导、确定相应的模式选择。总之,中国农业工程学科人才培养应在保证打好工程类通才教育的基础上,加强学生个体综合能力、团队合作能力及创新能力的发展,使学生在就业时具备广泛的适应能力;同时,通过农学、生物学等特色专业知识的学习,培养学生具有其他学科所不能替代的专业知识,以保障农业现代化建设对人才的需求。

第三节　中外农业工程课程体系之变

课程体系是指大学根据本校制定的人才培养目标而设计和构建的由既各自独立又相互关联的一组课程所构成的有机整体。作为实现培养目标的必要途径,课程体系决定了人才所需具备的知识、能力与素质。在不同的人才培养目标及人才观指导下,不同国家高等学校的课程结构与内容会出现出不同的形态。

21世纪初,欧美农业工程学科已经或正在转型为农业与生物工程,其课程体系结构发生了一定的变化。为了清晰地梳理欧美农业工程学科专业课程体系的演变特点,探究国外农业工程学科在不同历史阶段的基本特征,基于数据的可获得性,本书选择美国爱荷华州立大学、普渡大学、加州大学戴维斯分校、得克萨斯农工大学、加州州立理工大学圣路易斯分校、北达科他州立大学、奥本大学、肯塔基大学、亚利桑那州立大学、北卡罗来纳州立大学、路易斯安那州立大学、加拿大曼尼托巴大学,以及英国哈勃亚当斯大学、爱尔兰都柏林大学、荷兰瓦赫宁根大、意大利巴勒莫大学、德国霍恩海姆大学与希腊雅典农业大学共计 18 所院校为例,就欧美学科变革前后两个不同历史阶段的课程体系加以纵向与横向比较,以期为中国农业工程学科变革提供参考。

一、变革前的欧美农业工程课程体系

在北美农业工程教育课程变革中,美国工程师职业委员会(简称 ECPD,1932 年成立,1980 年更名为 ABET)、美国工程教育学会(简称 SPEE,1893 年成立,1934 年更名为 ASEE)、ASAE 等专业认证机构与专业学(协)会是不可或缺的推动力,尤其在工程课程建设、促进工程教育标准化方面发挥了重要的作用。"二战"后 ASAE 课程委员会对农业工程课程变革进行了积极的探索。根据对农业工程专业毕业生及其雇主需求的调查,1944—1945 年,ASAE 课程委员会与 ASAE 工业需求工作小组相继提出了农业工程课程设置建议,明确提出基础科学与工程科学具有同等重要地位,化学、物理、力学与工程设计课程需要加强,农学类课程不宜超过 15 学分,课程应以理论学习为主而不是技能培养,动力机械、水土保持、农用建筑、乡村电气化四个专门化(即专业方向)课程群首次出现,加强专业教育的同时个性化培养开始凸显。1949—1950 年,加州大学戴维斯分校、伊利诺伊大学及普渡大学等 12 所院校以 ASAE 课程委员会建议模板所构建的农业工程课程体系获得 ECPD 认证(见表 5-2,按照课程学分占课内总学分比例计算所得)。很显然,基础课程在 50 年代的课程结构中占据绝对优势(其中,多数院校的工程科学要求超过了数学、物理与化学等基础科学),专业教育位居其次,通识教育在不同院校差异性较大,普渡大学最为重视,而爱荷华州立大学则关注度较低。

表 5-2　1950—1951 年美国部分学校农业工程课程(学分占比/%)

课程类型	院校	ASAE 建议	爱荷华州立大学	堪萨斯州立大学	加州大学(戴维斯分校)	明尼苏达大学	密歇根州立学院	普渡大学
1. 人文/通识教育		11.43	9.72	14.08	8.51	15.73	19.44	20.26
2. 基础教育	基础科学	25.71	23.61	26.76	22.70	25.28	18.06	23.53
	工程科学	23.57	25.00	25.35	37.59	33.15	22.22	21.57
	农业科学	10.71	11.11	7.04	7.09	5.62	8.33	10.46
3. 专业教育	农业工程	15.71	19.44	19.01	15.60	15.73	13.89	15.03
	农业工程专门化	6.43	5.56	0.00	0.00	4.49	5.56	0.00

续表

课程类型 院校		ASAE 建议	爱荷华州 立大学	堪萨斯州 立大学	加州大学(戴 维斯分校)	明尼苏 达大学	密歇根州 立学院	普渡大学
4. ROTC, NROTC	体育	2.86	5.56	2.82	5.67	0.00	11.11	7.19
5. 选修课(任意)		3.57	0.00	4.93	2.84	0.00	1.39	1.96

1955 年,ASEE 响应哈佛通识教育理念,在其 Grinter 报告中强调,职业工程师除了自身的工程专业背景之外,通识教育与工程科学作为工程教育的核心应受到普遍的重视。北美由通识教育(也称普通教育或文理教育)、基础课、专业课(主修课)与选修课四部分构成的课程体系一直延续至今。其中,通识教育主要包括人文与社会、文学艺术、历史文化、伦理思辨、写作交流等,多数院校还包括数学等自然科学,课程强调知识的广度,注重塑造学生完美的人格;基础课程包括数学、物理和化学等基础科学、工程科学、农业/生物科学,为后续专业知识学习打下基础;主修课即专业课(含限制选修与指定选修),用于传授专业知识学习和技能训练的部分,强调知识的深度。选修课即自由或任意选修课,学生可从兴趣出发自由选择,以拓展知识面。相比较而言,二战前农业工程教育以实践应用为主,工程教师与企业保持着密切联系。战后农业工程教育改革总体倾向于加强通识教育,强调数学等基础课程与工程科学的理论学习,以工程应用与解决实际问题为主的工厂实习、田间实习等实践教育逐渐被弱化,导致工程教育后来在很长一段时间内与工业生产相互脱节,工程教师与毕业生缺乏解决实际问题能力的弊端逐渐显现。

与北美高校保持的四年学制不同,欧洲各国国情不同,不同院校农业工程本科专业(专门化)学制不同,其中三年制院校占 40%,四年制院校占 21%,五年制占 39%。学制不同,开设课程也不尽相同,但各校农业工程专业课程内容总体可归为四大类,基础课、农学类、工程类及农业工程类(见表 5-3),不同学制课程侧重点不同,三年制教育更强调基础课的重要性,四年制则注重工程类与农业工程类专业课程的学习,而五年制重点强调基础课与农学类课程的学习。

表 5-3 欧洲院校农业工程专业课程结构分布情况(学分占比/%)

学制	基础课	农学课	工程课	农业工程类	选修课	其他
3 年制	24	17	17	18	15	9
4 年制	18	10	24	24	16	8
5 年制	22	23	17	17	13	8

20世纪70年代末80年代初,欧美相继实现农业机械化与现代化,社会关注度的持续下降推动学科进入变革前夕。这一时期北美高校有采用三学期制(如奥本大学),也有两学期制(如普渡大学),导致农业工程课程门数及学分设置差异较大,奥本大学总学分206,普渡大学为127学分。为便于直观比较,按照课程学分占课内总学分比例统计,北美部分院校课程结构,欧洲部分院校课程结构(20世纪90年代末数据),主要呈现以下几方面特征。

1. 强调人文与社会科学知识的学习

为应对20世纪70年代美国大学生普遍出现的吸毒、暴力等伦理、道德和公民价值观危机,通识教育得到重点调整,以帮助学生学会如何学习、如何思考、学会人际沟通以及运用知识寻找解决问题方法等。本次调整以人文社会科学改革力度最大,课程设置得到了显著加强,多数美国院校课程比重高达12%以上,广泛涉及政治、经济、管理、社会、历史、文学、艺术与伦理学等领域。其中,加州州立理工大学与德克萨斯农工大学的占比高达15%以上,爱荷华州立大学占比最低,也达12.65%。以爱荷华州立大学为例,农业工程系要求的人文社会科学类课程主要包括三个层面。

(1)经济系开设的经济类课程

包括经济学原理、农村组织与管理与农业法。其中,经济学原理第一个学期重点讲授资源分布、供求关系、国民收入、价格水平,以及财政金融政策、银行系统经营与国际财政概述等内容;第二个学期以讲授生产与消费理论、价格市场系统、完全与不完全竞争、商业与劳动管理及国际贸易概论内容为主。农村组织与管理课程紧密结合农业生产实践与农场的运行与管理,授课内容包括农村组织与管理(资金利用、经济原理及预算)、危机与备荒、资金积累与控制、企业规模、作物、牲畜及机械的应用与劳动管理等。

(2)工商管理系开设的课程

包括市场原理、会计原理、销售预测、销售管理及与商业经营密切相关的商业法。培养学生具有系统分析和经济核算的观点,注重充分发挥学生对机器系统技术效能和经济效能的使用管理能力。

(3)政治系开设的课程

美国政府,对学生进行道德教育、法制教育和公民意识等相关教育。在欧洲,人文社科类课程同样得到重视,80%以上的院校开设经济学与社会学类课程,50%院校设有管理学类课程。此外,为使学生全面了解与农业相关的法律法规等政策,多数学校为学生开设农业法、商业法等法律法规课程,通过扩大专业以外的知识面,培养学生充分发挥各种工程措施在农业中的综合应用能力。相比之下,欧洲院校对人文社科知识的要求差异较大,荷兰瓦赫宁根大学高达 15.4%,希腊雅典农业大学仅 5.1%,爱尔兰都柏林大学为任选课程无法统计。

2. 注重文字表述与交流能力的培养

写作与交流培养在美国农业工程课程体系中占据重要的地位(约占总学分5%的比重),美国不同院校设置课程内容都较为相近,加拿大也由文学院开设有类似课程。在爱荷华州立大学,该类课程由四个部分组成。

一是英语系开设的作文与诵读、商业尺牍(商业函件撰写)及职业文件与报告写作三门课程,重点培养学生语言交流与应用,包括,阅读、写作能力。其中较为有特色的是商业尺牍课程,该课程重点讲述商业函件概述,传授学生按照专业特点练习写作不同类型函件;而职业文件与报告写作课程则侧重于讲授商业与技术文件及研究报告的撰写,教授学生按照专业特点,选写各种文件和报告,包括一些大型分析报告。

二是演讲系开设的演讲基础课。通过讲授修辞学、公共场合讲话、听众分析、兴趣与注意力、演讲材料的取舍与组织、风度与口才以及即兴演讲准备与口才的锻炼等,重点培养学生的演讲与口才表达能力。

三是新闻与公共交往系开设的宣传与公共关系,培养学生公共交往能力。

四是图书馆开设的图书资料利用课程,主要培养学生信息检索、信息获取和信息利用等信息素养。欧洲各国也比较重视语言与沟通交流能力的培养,近 30% 的院校开设语言类课程,50% 的院校设有沟通交流类课程。其中,都柏林大学将文字表述与信息交流能力的培养更是贯穿于学位论文的写作中。总的看来,欧美社交语言文化类课程的设置重点在于培养学生读写交流能力、信息素养能力与公共沟通能力,通过强化相关商业、学术与技术文本的写作方法和技巧的训练,包括对问题和事件的辨析能力,理性推断和逻辑推理与分析问题的能力,文献搜集、整理、评价与分析能力,培养学生在独立思考基础上,就某个研究主题科学理性地提出个人观点,为学生后面的专业基础学习奠定扎实的基本功。

3. 重视自然科学基础知识的教育

北美高校都比较注重自然科学基础知识的教育,数学、力学、物理与化学课程所占比重较大。北美院校数学课程主要包括高等数学、解析几何、微积分、微分方程、应用数学等,侧重工程数学领域的教学;力学课程设置范围广泛涵盖了工程静力学、动力学、材料力学、热力学和流体力学多个领域,其中,静力学、动力学与材料力学是北美所有院校都开设的基础课程:化学课程包括普通化学、有机化学、生物化学及其相关实验;物理课程集中于普通物理及其实验教学。美国高校中,物理与化学合计所占学分的比重与力学、数学较为相近,由此也表明力学、数学在农业工程教育中的同等重要性。曼尼托巴大学对物理化学要求很低。比重不足4%。但力学课程要求明显突出,比重高达10.78%。由于北美实行的是通才教育,不同院校课程体系的构建主要结合自身特色、立足于学科专业需求而设置,因此,不同院校的课程体系在一定程度上是存在差异的。调研的北美9所院校中,加州大学戴维斯分校要求学生选修力学18学分、物理与化学合计22学分,数学36学分,占总学分的42.22%;爱荷华州立大学数学要求最低17学分、物理与化学14学分,力学10学分,数学、物理与化学及力学四门课程占总学分的比重也高达32.41%;除普渡大学与明尼苏达大学外,其余院校自然科学基础课程所占比重均超过了30%。欧洲各国对数理化的重视程度不及北美,除都柏林大学自然科学基础课占比超过30%以外,其余院校均不足15%.尤其是力学,近30%的院校力学课程缺失,如荷兰瓦赫宁根大学与意大利巴勒莫大学。

4.合作教育课程创新工程实践教育

合作教育是高校与企业合作,有计划培养企业所需人才的一种在工作中学习的教育方式。欧美高校注重理论与实践教育的结合,实践教育是欧美高等教育的一个突出特点。以爱荷华州立大学与加州戴维斯分校,作为农业工程实践教育中的一部分,农业工程系为大学二至四年级的学生设置有合作教育课程,但没有学分。经系批准,学生完成课程注册后,与企业签订正式协议,在企业完成至少一个完整学年的全职实践(两个学期加一个暑期)。企业要求为学生配备一名指导教师(Supervisor),明确学生工作职责与工作内容,负责指导和管理学生在企业期间的工作与学习,帮助学生融入工作团队,实现从学生到企业雇员身份的转变,按照协议及时反馈学生工作期旧的表现与评价学生工作能力。学生要求承担并完成企业分配的任务。学制相应延长为五年。如表5-4所示,合作教育中有一个很重要的角色是课程协调人,协调人作为教育团队中重要的职业指导教师。与普通课程教师传播与教授学术性理论与知识不同,协调人负责合作教育全程的联络、交流、指导与监督,承担的是非学术性的职业指导与教育工作。

表 5-4　课程协调人与各方的关系及承担的职责

关系	职责
课程协调人——学生	1. 为学生就业的可能性以及实现就业所需资源提供指导,鼓励学生准确表达自己的职业目标 2. 为学生提供具有建设性的就业建议,引导学生进行合理的合作就业 3. 鼓励与激发学生寻求与其兴趣一致的就业机会,兼顾学生的资质与能力 4. 定期到访每个学生的雇主,及时了解学生工作进展、实时调整合作任务
课程协调人——雇主	1. 争取企业对合作项目的支持 2. 考虑到企业对人力资源持续的需求,将合作项目作为企业一项长久的计划 3. 完成学生与雇主之间最佳协调效果,全面负责学生的合作就业指导、监督与评价
课程协调人——教师	1. 作为大学教育团队中的重要成员,与学校管理者、院系教师及学生就合作教育的理念与问题保持广泛的联系 2. 为参加合作教育的各方提供服务

欧洲高校也很注重实践教育,97%的院校规定学生必须完成一定时间的实践训练。其中英国哈勃亚当斯大学是开展校企合作最深入的院校,其培养方案的设计紧密围绕国内产业需求,强调机械设计及相关理论的学习和实践,学生大学三年级要用一年的时间在企业完成实习,取得一定的实践经验。法国规定本科生必须结合 12~16 周的企业实践教育完成学位论文撰写,研究生要求 5~6 个月。合作教育为学生真正参与和体验真实的工程环境提供了机会,包括为学生今后职业规划提供指导、学业过程中资金援助、毕业后就业机会的掌握、对工程师职业的理解与认识、极有价值的职业体验,以及个人知识及综合能力的提高,使学生愈发走向成熟。学生在企业中获得更多、更新的知识与技术,有利于反促院系教师提升自己的专业知识与工程技能。此外,合作教育同时也加强教师与企业间的联系,有助于院校丰富教育资源、优化教学环节。

5. 研究生课程设置灵活性强差异大

欧美研究生教育更加强调学生独立工作能力的培养,在培养要求方面具有较大灵活性,差异性也很大。欧洲各国的研究生教育机制各不相同,学制 1 年的院校占6%,学制 1.5 年的占16%,学制 2 年或 3 年的占78%。不同学制的培养要求不同,课程设置更是千差万别。爱尔兰都柏林大学、意大利巴勒莫大学与德国汉诺威大学研究生阶段均无课程学习要求,学生可以根据导师要求自由选修或免修任何课程,而英国、丹麦、荷兰、希腊、比利时、葡萄牙、罗马尼亚、保加利亚、捷克、立陶宛、拉脱维亚等国则要求完成一定数量的课程学习。北美院校学制相近,但不同院校课程设置的种类和数量没有统一的标准,课程类型丰富,灵活性较大,广泛涉及专业课、研究方法课、学术前沿课、实践课与研讨课等

（表5-5）。受ABET认证影响，在专业课程架构上北美院校也表现出一定的共性，均强调研究方法与追踪学术前沿的重要性。力求体现工程技术量化对专业研究方向的影响。

以肯塔基大学为例，该校农业工程专业所要求课程学分局低，为24学分。但其提供的课程种类与数量较多，水利资源应用统计方法及多个含有"高级"字样的前沿性课程被设置。几乎涵盖了70年代农业工程领域所有的热点和有待解决的问题。相比肯塔基大学，加州大学藏维斯分校、北卡罗来纳州立大学与爱荷华州立大学的课程主要围绕专业基础课程展开，开放讨论与实践教育较多，有利于培养学生宽泛的视野及分析和解决问题的能力。就北卡罗来纳州大学而言，农业工程专业更为强调物理、数学与化学等基础课程在专业研究中的作用，基础课程设置占据了较大比重。而爱荷华州立大学则更强调水土工程、动力与机械、农业电气化等传统基础课程的学习。

表5-5　20世纪70年代中期美国部分高校农业工程专业研究生课程比较

学校	课程设置		
肯塔基大学	畜禽养殖废弃物处理 工程分析 作物、土壤与机器的关系 生物系统环境设计 高级水土保持工程 高级农业加工 系统分析与模拟 微气候学	高级土壤、作物与机器的关系 高级生物系统装备设计 水利资源应用统计方法 农业工程中的电磁辐射 农业工程中的能量传递和质量运输 工程中的相似性 农业工程中的测试设备 农业工程专题	
加州大学戴维斯分校	耕作与牵引中的土壤-机器关系 食品加工工程高级操作 表面灌溉水力学 农业废弃物管理 机械系统设计	工程实验的设计与分析 农业材料的物理性质 农业工程的选择问题 讨论/分组学习 研究	
	必修课	专业课	
北卡罗来纳州立大学	农业加工测试设备 农业工程研究 研讨会 工程师用高等微积分 中级物理Ⅰ，力学 中级物理Ⅱ，电磁学	农业机械设计与性能分析 农业加工过程 物理化学 工程师实验统计学 高等植物生理Ⅰ和Ⅱ 实验应力分析 连续体力学Ⅰ和Ⅱ	土壤物理 近代物理导论 行列式与矩阵理论 高等微分方程 数值分析 专业课程（选择）

学校	课程设置		
爱荷华州立大学	水土流失与泥沙运移 水文数据分析方法 水资源工程学 农业工程专题	农业建筑的设计标准 农业动力与机械 土壤动力学 专题研讨	高级水土控制工程学 农业电气化 收获机械

总体来看,变革之前的欧美本科农业工程课程体系比较注重人文社科、自然科学及写作交流知识的学习,而且兼顾农学及生物科学在农业工程知识领域的补充,注重理论与实践教育相结合是欧美国家农业工程课程体系的一个重要特色。研究生培养方面欧美情况不同,差异较大。

二、变革后欧美农业/生物系统工程课程体系

经过近三十余年的酝酿与讨论,北美农业工程学科由基于工程的学科向基于生物的工程学科转变的理念在 21 世纪初达成了一致共识。2005 年,ASABE 的成立标志着美国农业工程学科的成功转型。借鉴北美经验,欧洲正在积极探索欧洲农业工程教育的发展方向。本书以世界农业工程学科教育史上具有里程碑意义的爱荷华州立大学为代表,结合欧美其他相关院校,纵向分析欧美农业工程学科本科与研究生教育课程体系的发展与演变特征。

1. 积极探索核心课程构成,推动课程结构的创新

1990 年 ASAE 年会上,北美 36 个高校农业工程系的代表就农业工程学科转型后如何构建生物工程核心课程平台及其重点领域的设计提出了建议。以 R. E. Garrett 为首的小组,在美国农业部资助下展开了生物工程学科核心课程平台研究,并在 1991 年召开的 ASAE 冬季会议上,提出了生物工程专业核心课程(表 5-6),该课程平台突出强调了生物与工程两个核心主题。1992 年,ASAE 选择北美 35 所设立生物工程专业的高校(含加拿大 3 所),就各校生物课程设置、讲授内容、ABET 认证等情况进行了调查分析。结果表明,不同高校学科课程设置不尽相同,但不同院校的课程体系均以生物工程核心课程为模板,紧密围绕工程与生物科学两个主题展开。

表 5-6　R. E. Garrett 小组提出的生物工程核心课程

课程名称	开课学年	选修课程	课程内容
工程生物学 I	第一学年	无	影响细胞、生物有机体及生物群体水平的生物系统结构、功能及能量转换等相关领域的工程解决方案

课程名称	开课学年	选修课程	课程内容
生物系统仪表及控制	第二学年	物理、数学、计算机程序设计	仪表及控制系统基础,着重于传感器及转换器在农业、生物及环境领域的应用
生物系统传输工程	第三学年	势力学、生物工程	适用于工程领域的流体力学、热力学及生物工程
生物物料工程特性	第三学年	物理、生物、普通化学、微分方程、流体力学	生物材料在工程系统中的重要性,生物材料工程特性的术语及定义,生物系统中生物与非生物之间的交互作用
工程生物学 II	第三学年	物理、热力学、工程生物学、生物系统传输工程	生物有机体与其周围的热、空气、电磁及化学环境之间的交互作用
生物系统模拟	第四学年	计算机程序设计、微分方程、生物系统传输工程、工程生物学	用于生物系统识别、设计及测试的计算机仿真技术

为进一步了解学科专业核心课程发展现状,分别以爱荷华州立大学与奥本大学的生物系统工程专业与加州州立理工大学的生物资源与农业工程专业核心课程为例(表5-7),通过对比不同院校每门课程的具体描述来分析生物系统工程类专业核心课程设置,主要呈现以下特征。

(1)各校专业课程以生物工程核心课程为蓝本展开

从学分占比来看,同为生物系统工程专业的爱荷华州立大学与奥本大学较为接近,约占总学分的27%。从该课程设置数量来看,两者也基本相近。仅从两学校设置的课目名称上来比较,两者的差异还是很显著的。但通过仔细对比分析每门课程的授课内容后发现,两所院校实际上都是紧密围绕着20世纪90年代ASAE所提出的生物工程核心课程设立的,即课目名称不同,但内涵相同。如两所学校分别开设了农业与生物系统工程仪表、生物系统仪表与控制两门课程,两者的授课内容基本遵循了20世纪90年代ASEA所提出的建议,课程内容主要围绕仪表及控制系统基础展开,着重于传感器及转换器在农业、生物及环境领域应用的讲授。此外,爱荷华州立大学开设的工程热力学、农业与生物系统工程基础与奥本大学开设的生物系统中的水力传输、生物与生物环境的热质传输,四门课程所讲述的主要内容同样是以ASAE建议的生物系统传输工程为中心展开的。而农业与生物系统工程数值方法与生物系统工程方法则从各不同的角度对应了核心课程所建议的生物系统模拟。

与上述两所院校不同,加州州立理工大学生物资源与农业工程专业开设的课程数量最多,学分占比也较高,占总学分量的37.77%,开设近20门课程。同样的,课程名称也是差异较大。从课程设置来看,该核心课程体系主要侧重于三个大的领域;生物系统模拟,同时开设工程设计制图、农业工程 CAD 及三维实体建模课程;工程生物学,生物资源工程原理尤其是灌溉领域,共开设水力学、灌溉理论、灌溉工程与灌溉原理四门课程,重点强调水分在土壤、水、植物之间传输、流动及对环境的影响;生物物料工程特性,开设农用建筑设计与农用建筑规划两门课程,重点讲授设计谷物存贮及动物房舍等的应考虑的环境影响因素,以及如何做好农用建筑的材料规划与设计等。此外,在课目的命名上,更多地使用了"生物资源"字样。

表 5-7 美国部分院校生物系统工程专业核心课程结构的比较

爱荷华州立大学生物系统工程	奥本大学生物系统工程	加州州立理工大学生物资源与农业工程
电力与电子在农业工业中的应用	生物系统工程方法	生物资源与农业工程职业教育
农业与生物系统工程仪表	生物系统仪表与控制	实验技能与安全
农业与生物系统工程基础	生物与生物环境的热质传输	工程设计制图
农业与生物系统项目管理与设计	生物系统地理空间技术	农业工程 CAD
生物系统工程原理	生物系统过程工程	三维实体建模 电力基础
农业与生物系统工程数值方法	生物系统废弃物管理与利用	农业机械系统概论 农用建筑设计
生物系统的工程分析	生物系统的机械功率	农用建筑规划 生物资源工程原理
工程统计学	自然资源保护工程	工程测量 测量与计算机接口
农业与生物系统工程设计 I	生物系统工程专业实习	农业系统工程 水力学
农业与生物系统工程设计 II	生物系统工程设计	灌溉理论 设备工程 I, II
材料力学	生物系统中的水力传输	灌溉工程 高级项目组织
材料力学实验	灌溉系统设计	灌溉原理 高级项目 I, II
工程热力学		

(2)不同院校专业核心课程设置各有侧重

爱荷华州大学与奥本大学专业名称都是生物系统工程,但两者在专业课程设置上各有特色,爱荷华州立大学设立了一组农业与生物系统类课程。包括农业与生物系统工程仪表、农业与生物系统工程数值方法、农业与生物系统工程基础、农业与生物系统项目管理与设计、农业与生物系统工程设计 I、II,由此表明该专业侧重于农业与生物系统工程项目的设计、规划与管理;奥本大学围绕生物系统开设生物系统工程方法、生物系统仪表与控制、生物系统地理空间技术、生物系统过程工程、生物系统的机械功率、生物系统中的水力传输、生物系统工程设计等基础理论方法与新技术应用特征显著的课程,在此基础上,生物系统废弃物管理与利用及自然资源保护工程的开设表明该专业更强调自然资源与环境保护,这也恰好体现出其专业特色。由此可见。相同专业在不同的院校由于其历史渊源及学科发展定位的不同,基于不同的培养目标所设置的课程符合学校自身学科发展方向,在保证学生拥有宽厚知识面的同时也关注到了不同领域专业知识的学习。加州州立理工大学的生物资源与农业工程核心课程特色就更为显著,其课程中保留了多门传统农业工程核心课程,如农业机械系统导论与农业系统工程,水力学与灌溉原理论等。透过传统课程的设置,我们不难发现,加州州立理工大学的生物资源与农业工程专业更多的靠近传统农业工程。

　　总体来看,不管是相同专业还是不同专业之间的比较,由于院校科系设置的差异,不同学校在课目名称的表述上差异较大,但多数课程也存在名称不同、授课内容相似的现象。三所院校有两点共同的特点值得我们关注:其一是核心课程实际上都是紧密围绕着 ASAE 提出的建议加以设置的,在高等教育相对高度自由的美国,核心标杆课程的设置有利于不同院校之间的学分认可,方便学生跨学科、跨专业交流学习。其二是 3 所院校所开设的专业实习都同时强调"小组学习",要求通过团队合力完成工程项目的设计,课程考核同时采取小组汇报、课程报告与模型设计等多种形式,培养学生团队意识与合作精神,引导学生向专业工程师职业身份的转变。

　　(3)欧美农业/生物系统工程核心课程设置各具特色

　　与北美相比,由于不同国家的社会、经济及高等教育体制等的差异性较大,欧洲农业工程课程学科的变革要来的晚一些。1989 年,时任 CIGR 主席的 GPellizi 等人就欧盟各国农业工程课程体系发起比较研究,积极探索欧盟农业工程学科的未来发展趋势。进入 90 年代后,欧洲同样经历了美国 70—80 年代所遭遇的困境,生源减少、科研经费降低及众多新兴研究领域出现对学科发展产生强烈的冲击,欧盟部分院校开始在专业、课程及研究领域名称前赋予"生物"的尝试性改革,并进一步由"生物工程"替代农业工程。在此背景下,参照美国发展经验,经过两年多的深入比较与研究,2005 年,USAEE-TN 起草并发布了农业/生物系统工程核心课程草案(见表 5-8)。与欧洲传统农业工程课程体系相比,该课程体系加强了工程学课程内容,以满足欧洲工程师协会联盟(FEANI)对工程专业的基本要求,显著减少与农学相关的课程。课程体系中基础知识(含数学、物理、化学、计算机与信息技术)及人文和经济等基础理论占约 35.0%比重,工程学占 42.0%,农业/生物学课程占 22.5%。

表 5-8　USAEE-TIN 农业/生物系统工程课程体系

基础与选修课程(54~72学分)		核心课程(64~76学分)	
基础课程	选修课	工程部分	农业/生物学部分
36~45学分	18~27学分	44~51学分	20~25学分
数学(≥24)	工程学	工程学	植物生物学
计算机/信息科学	农业经济	静力学	动物生物学
物理	哲学导论	材料强度	土壤学导论
化学	司法与法律导论	动力学	农业气象学与微气象学
	社会学导论	流体力学	环境与生物体的互相影响
		技术与金融	应用热力学
		基础设施管理	热质传输
		工程伦理学	电力与电子
		系统动力学	
专门化或模块化课程(44~50学分)			
水资源工程		生物工艺	
机械系统与结构在农业与生物过程工程中的应用		农业与生物系统中的能源供应与管理	
结构系统与材料在农业与生物过程中的应用		农业与生物过程工程中的信息技术与自动化	
农业与生物过程工程系统中废弃物的管理			

说明:总学分要求180学分,学分是指ECTS学习,一个ECTS学分代表25个学习小时,其中包括5小时的课时间,12小时的课补作业和社会实践,7小时的老师辅导,1小时的考试。

USAEE-TN 提出的课程体系被具体化为三个模块:第一部分是基础与选修课程,包括自然科学基础与人文社会科学;第二部分是专业核心课程部分,明确包括工程与农业/生物两个部分;第三部分是不同专门化(专业方向)的模块化课程,学生根据个人兴趣选择。与美国高校现行生物系统工程课程体系相比,USAEE-TN 在基础与选修课部分并没有强调写作、交流与演讲等通识教育课程的重要性,这是欧洲与美国课程结构差别最大的一个方面。在专业核心课程部分,为了满足 FEANI 对工程专业的基本要求,以力学与电学为主的工程课程是农业/生物领域课程的两倍,且核心课程在总学分占比重高达 35.56%~42.22%,显著高于前面提及的爱荷华州立大学等 3 所院校的水平。在专门化或模块化课程设计方面,欧洲与北美体系存在较多的共性,水资源工程、农业废弃物管理与应用、可再生能源利用与管理、机械与设施的信息化研究均围绕能源与生物系统展开。

2006 年,欧盟与美国共同发起的"美欧支持农业系统工程研究的政策导向措施"(简称 POMSEBES)项目启动,项目为欧美系统交流生物系统工程课程建设搭建了一个理想的平台。但到目前为止,鉴于欧洲各国教育系统设置、管理机制及课程需求等多种因素影响,还没有形成新的统一的核心课程平台,仍以

USAEE-TN 提出的课程体系为基本标准,该体系 2007 年通过了 FEANI-EMC 认证。

2. 通识与专业教育兼顾,强调知识结构的多元化

通识教育与专业教育共同构成美国高等教育的课程体系。通识教育所追求的目标是提供给学生的不仅仅是具体知识的内容,也是不同学科的研究方法,由此来促进学生的智力发展。所调在的美国院校中,通识教育课程概括起来主要包含以下三类课程(见表 5-9)。为提高学生进一步写作与演讲表达能力的课程,如说明文写作、报告写作、公共演讲等,使学生拓宽学科领域的基础知识的课程,主要是人文科学,自然科学和社会科学三个学科领域中的基础知识;促进学生综合素养提高的课程,这类课程通常包含有艺术、体育、政治、宗教及伦理学等课程。

以加州大学戴维斯分校为例,该校通识教育由三部分组成:宽阔的主题、多元社会文化及写作体验,尤其强调宽阔的知识面是通识教育的核心,这也恰好对应了美国一贯主张的通才教育理念。宽阔的主题旨在培养学生拥有广泛的学科知识,这些知识的学习可以培养学生批判性思维、思考如何获取知识,以及指导学生在研究问题时如何使用假设、相关理论基础与范式等方法。该部分共涵盖三个基本领域,包括艺术与人文、自然科学与工程、社会科学。艺术与人文知识的传授主要用于丰富学生关于人类知识传统、文化成就及历史进程等方面的知识,自然科学与工程课程类的课程则主要教授学生专业的科学思想与应用,社会科学主要集中于让学生对个体、社会、政治及经济领域的了解。社会文化的多元性重点使学生了解人类的多元化特性,包括性别、民族、种族、宗教与社会阶层等知识,培养学生的文化修养,为学生正确看待人类文化文明提供一个广阔的视角。写作体验课程通过采用教师指导和学生实践的方式来促进学生的写作能力。课程一般采用专题讨论方式就学生写作的逻辑连贯性、语言描述及语法使用等方面加以评述,学生根据教师意见进行修改,强化学生写作能力。相比加州大学与普渡大学简洁的通识教学要求,康泰尔大学、北达科他州立大学与奥本大学关于通识教育的培养目标更为具体化。奥本大学通谋教育包括信息素养、分析能力与批判性思维、有效沟通与交流能力、公民知情权与参与权、多元化与意识、科学素养、审美与参与,公民知情权与参与权;北达科他州立大学除新生入学教育之外,还设立了交流、定量推理、自然科学与技术、人文与美术、社会与行为科学(包括健康方面的教育)、多元文化及国际视野七个类别的知识。康奈尔大学则更侧重道德行为、历史文化的学习。无论是审美还是人文与美术课程的开设,都是在培养学生高尚的审美情趣,即对文学与艺术作品的欣赏与评鉴,提高学生的综合素养。爱荷华州立大学工学院没有统一的通识教育学分要求,但学校在培养学生沟通与写作能力、图书馆利用,以及美国多元化文化与国际视野方面都提出了明确要求,所有学生在大一或大二期间指定选修两门涉及批判性思维与沟通和写作、口头表达方面的课程。各学院根据具体情况在课程体系中设立相关课程,包括交流与写作、人文与社会科学及其相关自然科学与工程基础知识。

表5-9 美国部分院校通识教育基本内容

加州大学戴维斯分校	普渡大学	康奈尔大学	得克萨斯农工大学	奥本大学
1 宽阔主题	1 社科与人文	1 文化分析	1 写作交流	1 信息素养
1.1 艺术与人文	2 写作与交流	2 历史分析	2 定量推理	2 分析能力与批判性思维
1.2 自然科学与工程	3 多元文化	3 文学艺术	3 自然科学(数学)	3 有效交流
1.3 社会科学	4 国际视野	4 知识、认识与道德	4 人文与视觉艺术	4 公民知情权与参与权
2 社会多元化		5 社会行为分析	5 社会与行为科学、美国历史与政治	5 多元文化与意识
3 写作体验		6 工程通信	6 国际视野与多元文化	6 科学素养
		7 外语	7 健康与健身	7 审美与参与
		8 写作表达		

总体来看,美国高校所开设的通识教育广泛涵盖了历史文化、政治经济、科学技术与工程、科学与艺术、个体与社会、科研写作与交流等多个领域,科学与人文教育的相互融合有效强化了课程结构的综合性,对提升学生公民素养、拓展文化视野、加深知识学习、优化知识结构和提高学习能力和技术创新等方面都具有显著的促进作用。D. Krueger 等研究表明,在20世纪六七十年代,技术更新速度较为缓慢的时候。以专业、职业教育为特色的欧洲传统教育一度保持着较高的技术贡献率。但随着80年代信息时代到来,大量新技术涌现令技术更新速度加快,以通识教育著称的美国高等教育技术贡献率的增长速度显著超越欧洲,通识教育的普及成为美国工程技术创新赶超欧洲的重要原因。

3.注重新科学技术知识的传授,课程内容更丰富

调查的美国48所相关院校中,虽然院系名称均已更名为农业/生物系统工程类,但目前仍有普渡大学、德克萨斯农工大学、爱荷华州立大学、北卡罗来纳州州立大学、内布拉斯加大学(林肯分校)、俄亥俄州立大学、肯塔基大学、佐治亚大学、爱达荷大学、威斯康星大学麦迪逊分校与伊利诺伊香槟分校,共计 11 所院校设有传统农业工程专业或方向。其中,爱达荷大学保留农业工程专业,另有 10 所院校设有传统的动力与机器、车辆工程方向(现多称为机械系统工程方向)。变革前,爱荷华州立大学农业工程系设立农业工程与农业机械化两个专业,其中农业工程专业下设动力与机器、电力与加工、土水控制 6 个专门化。2014 年,农业与生物系统工程系共设置 4 个专业,保留原有农业工程专业、农业系统技术(即农业机械化专业)的同时,增设生物系统工程与工业技术两个新专业,并分别在农业工程与生物系统工程专业下设置若干个专业方向。其中,农业工程专业下设立传统的动物生产系统工程、土水资源工程、动力与机器 3 个专门化,生物系统工程则设立了近年来较为热点的生物环境工程、可再生能源专门化。可以说,农业工程学科源起爱荷华州立大学,现今该校依旧是农业工程学科专业传承传统与现代兼容并蓄、协同发展的一个良好典范。

　　科技与社会发展加速学科分化的同时也促进了学科专业课程结构的变革,学科课程设置更加关注专业最新科技成果、学科研究最新技术与方法及学科发展方向方面知识的传授。以爱荷华州立大学的"动力与机器专门化"为例(见表 5-10),20 世纪 70 年代专门化课程数量少,课程结构面较窄,设置的专业基础课程与专业课程局限在农业机械领域。进入 21 世纪以后,数学与计算机在工程技术领域的创新性应用,为农业工程技术理论与方法带来了新的突破。无论是动力与机器专门化,还是机械系统工程方向的课程设置明显丰富了许多:增加生物学、微生物学、生物材料的物理学特性等生物原理知识为专业必修课,强调农业与生物科学在工程技术领域的重要性;通过增设生物、环境、能源及计算机信息科学技术等前沿领域的专业选修课程,如可再生能源工程、空气质量与环境控制、嵌入式机器人、机器视觉、实体建模方法及其软件应用等新技术与新方法的学习,扩大学生知识面的同时,激发与引导学生选择未来职业趋向。在研究生课程设置方面,也呈现出同样的变化。相比变革前,不同院校专业课程体系无论是数量还是类型更加丰富,生物环境工程、可再生能源、生物传感器、生物加工工程、计算机智能、GIS 及环境与资源等新的理论与技术被广泛涉及,跨学科、跨专业的交叉性课程数量大增,环境控制与大气污染等新兴研究主题内容更为细化,实践、讨论与学术交流等多种形式的课程充分拓宽了学生视野。

表 5-10　爱荷华州立大学动力与机器工程专业化开设课程的比较

2014—2015 年		1975—1977 年
专业必修课	专业选修课（任选 5 学分）	
农田机械的功能分析与设计	计算机制图任选一：	农业机械
农用拖拉机动力	参数化实体建筑在工程中应用的	农业机械设计Ⅰ,Ⅱ
流体动力工程	Pro/ENGINEER 参数实体建模、绘图与评估	液压传动与控制
土壤学基础	以下课程任选一：	材料机械性质基础
生物学原理Ⅰ	水土保持系统的设计与评价	加工过程概论
动力学、流体力学	食品加工与处理	机械设计Ⅰ,Ⅱ
制造工程、制造工程实验	动物房舍环境改造系统的设计	动力学Ⅱ
机械构件设计	木框架结构设计	应变测量方法及应用
材料科学与工程原理	生物系统的工程分析	工程师金相学

　　整体来看,北美高校在创新生物系统工程专业的同时,多数院校并没有取消传统农业工程领域,而是对原有专业进行了新的分工。农业工程侧重于工程技术研究,而生物系统工程侧重于以可持续农业发展为目的的生物、资源与环境系统工程研究,这一点在课程体系的设置上表现更为突出。如图 5-1 所示,除专业课程与专业选修之外,爱荷华州立大学生物系统工程与农业工程两本科专业方向(均为 128 学分)对数学、物理与化学基础知识,以及社交语言文化及人文社会科学方面的要求保持相同;主要区别在于力学与生物科学课程设置上,农业工程方向对力学知识的要求比较高一些,对生物科学的要求主要体现在三个专门化课程里面,没有做独立要求;生物系统工程方向对力学知识要求少一些,更侧重于对生物学基础知识的传授,除生物系统工程专业课程与专业选修课程之外,尤其强调生物学与微生物学理论在生物系统工程课程结构中的重要性。

　　上述情况也发生在北达科他州立大学,该校工学院设有农业与生物系统工程一个主修专业,分设农业工程与生物系统工程两个专业方向,总学分均为 133,课程结构如图 5-2 所示;两专业方向共同的特征是在保持数学、写作与交流、人文与社会科学类课程基础上。对力学、物理、化学及生物学的要求呈现出一定的变化。农业工程方向对力学知识 14.29%学分占比的要求显著高于生物系统工程方向 9.02%的比重,可见力学课程在农业工程方向的重要程度。相对而言,生物系统工程则更注重生物学与化学基础知识的学习。此外,农业工程 23 分的专

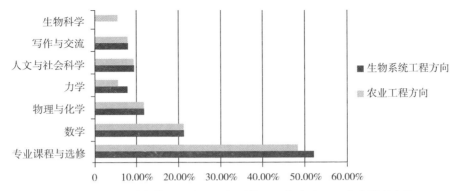

图 5-1 2014 年爱荷华州立大学生物系统工程与农业工程专业课程比较

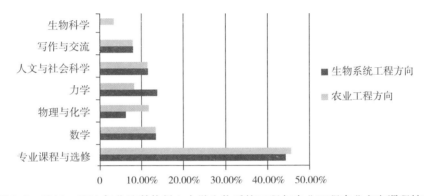

图 5-2 2013—2014 年北达科他州立大学生物系统工程与农业工程专业方向课程结构

业方向选修课中共设立了农业系统、环境系统与生物材料系统三个领域,提供选修课程数量共计 105 门,如此丰富的课程设置为学生提供了多种可选择方案,有利于拓展学生专业知识面。

4.顶石课程成为热点,工程理论与实践走向融合

20 世纪 90 年代,为进一步降低工程教育中理论与实际操作能力之间的差距,美国工程教育界重新审视工程实践的本质,对工程教育过分侧重于工程理论分析,工程设计训练偏弱提出新的思考,以项目设计为中心的顶石课程(Capstone Course/Capstone Design)开始兴起。

顶石课程是美国高等工程教育的又一特色。作为本科阶段最后开设的课程,为学生提供了参加与解决实际工程项目的机会,被认为是学习活动环节中最重要的一环。课程通常安排在大三和大四,课堂讲授与项目设计并行,项目主要依赖课程完成。与合作教育课程中理论学习与实践教育平行模式不同,顶石课程实现了工程理论学习与实践教育的相互嵌入,是理论与实践、课程与项目真正实现融合的一体化课程。结合项目设计,顶石课程把学生大学阶段在课堂、实验室与课本中学到的知识融合在一起,集知识、技能与经验为一体,在提升学生写作与交流能力、强化工程伦理与工程经济学理论、增强学生的批判性思维、解决富有挑战性的问题及促进学生对所学专业知识与技能的综合应用等方面全方位发挥作用。学生多数以团队形式承担较为复杂的项目设计任务,利用一个或多个学期完成项目设计、开发与测试,以期学生能够将所学理论知识综合应用于实践过程,从而获得产品方案设计、原型制造和测试等顶石经验。

课程多数安排在两学期内完成。第七学期要求学生首先参与课堂讲授,组合团队;然后,提出问题并与指导教师确定专题,定期参与实验设计课程;最后,形成实验设计方案,包括前提假设、材料需求、设备仪器需求、分析方法、预计失误、安全问题、成本预算及时间安排等细节和任务,重点对学生进行项目构思与设计环节的训练。第八学期主要完成项目的设计、开发、测试与评估。也有安排在三个学期中完成的,如犹他州立大学,第五学期学生需要完成项目计划,包括项目采用的技术及管理计划;第六学期完成项目设计,并要求定期进行成果汇报;第七学期项目结题评审,汇报内容要求符合专业报告形式,由所在系师生共同参加评审与评价。除指导教师承当的科研项目外,顶石项目多来源于地区企业资助,能够解决企业实际问题是企业提供项目资助的基础。项目成果的知识产权归属问题通常需要企业、高校与学生三方进行约定,多数情况下知识产权归属企业,也有部分属于高校与学生的。教师、学生与企业在课程中有着不同的分工,承担着不同的职责,有着不同的收获。项目课程之所以能够顺利实施的关键取决于项目资金与指导教师两个重要的环节。除教师已有项目之外,积极申请企业资助非常重要,通过为企业切实解决实际问题基础上,逐渐与企业建立良好合作关系;在指导教师培养方面,一方面需加强传统教师以教学为主到以指导为主教练身份的转变,另一方面教师专业背景是实现指导和满足训练需求的关键,加强教师自身的工程实践经验积累以及提高教师团队组织与管理能力也非常必要。作为顶石课程的合伙人企业获得与工程专业学生一道完成企业创新项目的同时,为学生在跨入职场前应用工程技术知识解决工程实际问题提供了重要的机会。

5. 研究生课程更新速度快且注重新技术新方法的及时引入

比较分析加州大学戴维斯分校与爱荷华州立大学研究生课程设置变化不难发现,20 世纪 70 年代至今,两所学校的课程数量增长趋势均非常显著(图 5-3)。加州大学戴维斯分校在 20 世纪 70 年代至 80 年代末课程平均从 10 门增至 14

门,是发展较为稳定的一个阶段,课程内容主要集中在机械系统设计、农业原料的物理特性、农业废弃物管理、农业能源系统、水文学、喷灌与滴灌等传统领域。至 90 年代显著升至 23 门,是该校研究生课程改革最为重要的一个阶段(1992—1995 年经历了专业与系名的变更)。源自"生物系统"字样的课程大增,生物系统工程研究方法、核磁共振成像在生物系统中的应用、食品与生物系统中的质量传递、食品加工与生物工程等课程相继出现。同时,模拟仪器、热处理工艺设计被新技术、新方法被提出,传统的机械系统设计、农用建筑设计被取而代之。2000 年后,课程设置增至 27 并进入稳定期,连续介质力学、可再生能源生物工艺等新理论、新技术课程被及时引入。

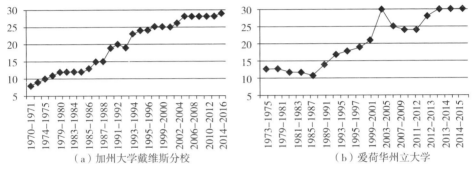

(a) 加州大学戴维斯分校　　　　　　(b) 爱荷华州立大学

图 5-3　农业/生物系统工程专业研究生课程数量的变化

爱荷华州立大学 20 世纪 70 年代课程数量平均为 13 门,至 80 年代,传统机械化、收获机械、农业电能应用及土壤动力学等课程与专题被取消,受此影响课程数量出现下降。进入 90 年代后,同加州大学戴维斯分校一样,研究生课程数量出现显著的飞跃,显著增至 19 门。构造与维修、作物环境调节与贮藏等传统课程内容被删除,农业与生物系统工程仪器、生物系统工程、作物生长模型、GIS、环境与自然资源、食品工程等围绕生物与环境主题的课程与专题内容被增加(见表 5-11)。进入 21 世纪以后,该校农业与生物系统工程专业的研究生课程更是增至 26 门,GIS 与自然资源管理、水文模型与 GIS、作物与畜牧生产系统集成、农业系统仿真、生物过程工程量化、大气污染、微生物系统工程、生物工艺与生物产品等与生物、环境及自然资源密切相关的主题相继被增设,并对灌溉与排水、农业水质工程、微生物系统工程及作物生长模型等进行了及时的增减与微调。历经 20 年的探索,至 2010 年以后,该校研究生课程体系已基本趋向稳定。

表5-11 1971—2015年爱荷华州立大学农业工程专业研究生课程设置变化情况

学年	数量	删除课程/专题	新增或变更课程/专题
1971—1975	13	无	无
1979—1981	13	农业动力与机械	废弃物管理
1981—1983	12	水文资料分析技术、农业电气化 农业建筑设计标准、水土控制工程机械化(专题)	农业管理工程、农业系统仿真 高级农业建筑设计、电能在农业中的应用
1985—1987	11	电能在农业中的应用	创新性内容
1989—1991	14	农业资源工程 作物环境调节与贮藏(专题)	农业系统控制与仪器、灌溉与排水工程 木质农业结构设计
1993—1995	18	收获机械	农业与生物系统工程仪器 农业水质工程、食品工程
1999—2001	21	结构与维修(专题)	农副产品生物环境工艺、GIS 生物材料的物理 特性、作物生长模型 生物系统工程(专题)、计算机辅助设计(专题)、环境系统(专题)、食品工程(专题)
2003—2005	30	农业系统仿真 木质农业结构设计	水文模型与GIS实验、GIS与自然资源管理 作物与畜牧产业系统集成、自然资源保护工程 田间机械功能分析与设计、作物收获动力学 粪污处理与生物质转化(原农副产品生物环境工艺) 农用建筑设计、生物过程工程量化 作物生长模型应用、可持续农业科学技术
2005—2007	25	灌溉与排水工程、GIS、作物收获动力学	微生物系统工程(原粪污处理与生物质转化)
2007—2009	24	农业水质工程 微生物系统工程 作物生长模型应用	计算机智能系统在农业与生物系统中的应用 土水监测系统设计与评价 生物材料的物理特性、大气污染 可持续农业基础(原可持续农业科学技术) 职业安全(专题)
2009—2011	24	流域模型与GIS实验	生物工艺与生物产品 食品与生物过程工程(原食品工程) 木框架结构设计(原农用建筑设计)
2011—2012	28		农机与生产系统的电子系统集成、生物质预处理流域TMDL发展与实施、非点源污染与控制
2012—2015	30		生物可再生能源基础、生物系统工程分析

　　20世纪90年代以来,北美农业工程类专业均经历了传统与现代的更替,在课程数量和内容设置上进行了大幅度的调整与探索,新技术、新理论与新方法被

及时引入与调整,两校研究生专业基础课程已趋稳定。

三、中国农业工程课程体系的变迁及存在的问题

中国农业工程学科课程体系的变迁是伴随着高等教育大环境的发展变化而改变,同样也经历了先取道美国,后学苏联,再借鉴欧美的过程。

1. 新中国成立前仿制"美国"模式的通才教育课程体系

新中国成立前,学科人才培养模式以借鉴美国通才教育模式为主,课程体系的设立是与通才教育模式相适应的厚基础、宽口径的通才课程体系。以表 5-12 中国最早创建的四年制农业工程系课程为例,除论文写作之外,共计开设课程 44 门,总学分 155 学分。其中,微积分、微分方程、物理、化学及力学相关基础课程占比高达26.5%,专业基础与专业课程涉及领域较为广泛,同时开设农事实践、锻造与铸造、机床加工等实践性很强的课程加强学生实践能力的培养,为学生尽可能多的提供田间机械操作与使用实践训练。该课程体系是以美国课程体系为模板,结合中国国情进行了适当调整,强调中国农业工程师应在乡村工业、乡村卫生、乡村合作社的组织与管理、乡村公路建设及现代农业机械的共同使用方面加以重点培养。

表 5-12　1948 年国立中央大学农业工程系开设的四年制本科课程

一年级		二年级		三年级		四年级
课程名称	学分	课程名称	学分	课程名称	学分	课程名称
政治理论	2	机械学	6	工程热力学	3	农用建筑
国文	6	应用力学	5	工程热力学实验	1	电气工程实验
英语	6	材料力学	5	机械设计	4	土水保持
微积分	8	结构材料	3	材料实验	1	农机维修
普通物理	10	经验设计	2	水力学	3	农用动力
画法几何学	2	机械制图	1	园艺学	4	土壤与化肥
机械制图	2	测量学	2	电气工程	6	普通植物病理学或昆虫学
锻造	2	工程热力学	3	农场	6	乡村工业
农业基础原理	2	机床试验	2	作物生产	6	乳液机械
农事实习	2	模型制造	2	农业经济学	3	农业工程
军事训练	—	微分方程	3	畜牧学或林学	3	论文
体育	—	普通化学	6	农业机械	3	体育
		体育	—	体育	—	

2. 改革开放前"苏联"模式的专才教育课程体系

新中国成立后,随着高等教育的全盘"苏化",与培养模式相适应的课程体系也随之改变。作为教学计划的重要组成部分,高等农业院校课程计划的演变主要经历过三次大的调整。

(1)解放初期由通才向专门化课程体系的过渡时期

1951年8月21日,教育部发布《关于各校拟定1951年度教学计划时应注意的几项原则的指示》中指出:"应从培养一定专门人才所必需的课程着眼,业务课程应有重点,选修课尽量减少,以贯彻'在系统理论的基础上实行适当的专门化'的原则。"基于这一指示,以全国统一的教学计划和教学大纲为标志的专门化课程体系在中国高等教育领域拉开帷幕。1952年院系调整后,参照苏联经验高校开始设置专业,取消了学分制教学管理制度,全部课程被列为必修课,很少或不设选修课,教学总时数列入计划内。遵照教育部印发的苏联高等农业院校教学计划,农业院校结合本校师资、经济、学生和设备等条件,相继制订了各自的课程计划。1952年10月,北京农业机械化学院正式成立,学校以"学习苏联,改进教学"为中心任务,研究生教育与本科生教育同时起步。1952年,学院最早开始招收农业机械、农业机器修理、汽车拖拉机专业方向的三年制研究生与一年制研究生班,所采用教材与教学大纲均来自苏联莫洛托夫农业机械化学院,苏联专家直接参与研究生培养。整个模式完全参照苏联的副博士模式进行,但缺乏完整的培养方案,直至50年代末。同时。学校创建农业生产过程机械化本科专业(四年制)并开设专业课程共计27门(见表5-13),教学方式包括授课、实验或讨论、自修,其中授课共计2145学时(不包括体育),实验或讨论2700学时,全部必修,没有开设选修课程。

基于特殊的历史时期,政治课程贯穿于四年的学习,俄文课程要求三学年。设立应用力学、材料力学、机械原理、农业机械学、拖拉机学、农业机械修理学、燃料润滑油与水、农业机械使用学、土壤耕作及作物栽培等为主干课程。如图5-4所示,专业课程学时占比为55.94%,专门化课程体系特色开始呈现。1952—1954年,农业院校专业教学计划经历了三次重要的调整,专业课程教学时数逐渐提高。以河北农学院为例,1954年第三次教学计划调整将农学系的农学和果树蔬菜两个专业的农业机械化课程教学时数由102学时增到136学时。

表5-13　1952年北京农业机械化学院农业生产过程机械化专业课程

课程名称		课程名称	
政治	机械制图	工程材料	燃料润滑油与水
俄文	机械制造基础实习	金相学及热处理	农业机械学
体育	农业机械运用学基础实习	机械设计	拖拉机及汽车学
应用高等数学	应用力学	电工学	拖拉机及农具修理学
普通物理	材料力学	耕作学及作物栽培	农机管理
普通化学及工程化学	热力学及内燃机	动物饲养学	农业工程概论
投影几何	机械原理	水力学及水力机械	

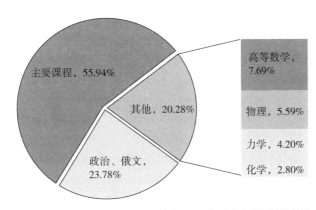

图5-4　1952年北京农业机械化学院农业生产过程机械化课程学时结构

（2）执行教育部统一的农业院校计划，专门化课程体系形成

1954年8月，高等教育部颁发了高等农业院校的农学、畜牧、造林、水产养殖和农业机械化等19种专业的统一教学计划，学习苏联做法，指令学校试行，不得擅加改动。计划的内容结构，也主要学习苏联模式。当年9月份入学的学生，严格执行统一的教学计划，学制四年。1954年9月13日，高等教学部发布《关于高等农业院校修订教学大纲的原则及说明的指示》中指出："为了保证执行统一教学计划和提高教学质量，培养具有统一规格和合乎标准的人才以适应国民经济建设的要求，随着统一教学计划的制订，必须着手进行各种课程教学大纲的修订工作。"全面照搬苏联教育计划所形成的专业课程体系，其主要特征是以专业为中心，专业设置实行与行业部门有计划按比例"对口"培养人才的做法，专业甚至细化到某一种产品，课程设置按照专业对号入座。课程体系所覆盖的知识面完全由专业口径的宽窄决定，体现在课程结构中就是严格按照专业培养规格设计，

公共课、专业基础课、专业课和专业实习的顺序固定不变。统一的教学计划、统一的教学大纲、统一的教材,以及整齐划一的教学过程与教学管理,建立的专门化课程体系是一种高度统一、全程标准化的模式,这种高度统一的课程体系最大的特点是刚性过强,课程设置缺乏一定的综合性与灵活性。一方面,依据专业方向而设置的课程体系,不同专业之间除了政治、俄文与体育等少数公共课和数学、物理、化学与制图等部分基础课交叉外,相互之间是隔绝的;另一方面,由于严格执行统一教学计划与教学大纲,总学时高达 3000～3700 学时,严重偏离中国学生实际情况,导致学生知识能力结构单一,学习负担过重,教学效果并不是很理想。

(3)执行农业部全日制高等农业院校教学计划,教学工作走上正轨

1961 年 3 月,农业部发出《关于制订全日制高等农业院校(本科)教学计划的通知》,组织一部分学校,修订了农业生产机械化、农田水利、农业机械设计制造、农业电气化等 25 个专业教学计划,其中农机专业被列为修订重点。四年制专业总学时要求不超过 3000 学时,五年制农田水利专业要求不超过 3380 学时,农机化为 3265～3600 学时,在一定程度上纠正了生搬硬套苏联经验的做法,克服了忽视以教学为主和发挥教师主导作用的缺点。要求各校参考并制定自己的教学计划,按规定程序审定。新修订的教学计划从 1962 年新生入学开始试行,由于贯彻了"以教学为主",恰当安排生产劳动和科学研究活动,加强了学生基础理论知识的学习,各项教学安排较为符合学生的认知和学习规律,各院校教学工作很快走上正轨,教学质量不断提高。以河北农业大学(原河北农学院)为例,1962年修订后的农田水利专业(五年制)总学时为 3350,农业机械化专业(五年制)为3495 学时,见表 5-14。至 1965 年,五年制农业机械化专业课程总学时进一步调整为 2760 学时。

表5-14　河北农学院 1962 年修订的本科专业课程体系

专业	总学时数	政治			外国语			基础课			专业课			体育课	
		门数	学时	占比/%	门数	学时	占比/%	门数	学时	占比/%	门数	学时	占比/%	学时	占比/%
农田水利	3350	2	210	6.3	1	220	6.6	22	2165	64.6	8	655	19.5	100	3.0
农业机械化	3495	2	210	6.0	1	220	6.3	15	2105	60.3	6	860	24.6	100	2.8

1963 年 4 月,《高等学校培养研究生工作暂行条例(草案)》(简称《暂行条

例》)发布试行,教育部要求各研究生招生单位按专业制定研究生培养方案,对专业研究方向、研究生应学习的专业基础课程和专门课程做出具体的规定。同时发布了《关于高等学校制订理工农医各专业研究生培养方案的几项原则规定(草案)》(以下简称《培养方案草案》),明确提出研究生学习期限为三年,总学时数为5300~5900,理论学习与科学研究时间大体各占一半。培养计划应包括政治理论课(160~200学时)、外国语(500~700学时)、专业基础课程和专门课程(2~4门,学生自学为主。也可选修其他课程(总计1300~2000学时)、毕业论文工作(2500~3200学士)五个部分。此外,学生需参加一定的校外实习与调查、教学实习及生产劳动等。按照《暂行条例》与《培养方案草案》要求,60年代初期,北京农业机械化学院研究生主要课程设置包括政治经济学、俄语、数学、力学、专业理论和第二外语等,并要求研究生必须参与科研、撰写论文并完成论文答辩。由于中国没有施行学位制度,毕业研究生均没有授予学位。

纵观上述三次调整,农业院校的课程体系由过渡到全面照搬,再到结合国情的调整。其核心都是围绕苏联模式展开的,虽然暴露出一些弊端,但对于刚刚成立、百废待兴的新中国,该课程体系在稳定教学秩序、培养规格化人才方面确实起了积极的作用。1958年提出数学,科研、生产三结合,由于过度强调生产劳动的作用,忽视了理论学习的重要性,严重违背了教育与人才培养规律,导致教育质量下降。1961年9月15日,中共中央印发《教育部直属高等学校暂行工作条例(草案)》,简称《高教六十条》,对1958—1960年高等教育发展的经验教训进行了总结,规定理工科政治理论课的教学时间占总学时的10%左右,对课程结构进行了比较合理的调整。但1966年"文革"的爆发改变了中国高等教育发展的轨迹,在"火烧三层楼"(由基础课、专业课、提高课所构成的课程体系)的背景下,教学活动被要求坚持实践第一,大搞结合典型产品教学、结合战斗任务教学,以实现感性认识和理性认识的统一,违背了教育和学生认知规律,教育质量迅速下降,研究生教育同时也被迫停止。

改革开放之前的专门化课程体系是围绕"专业"而量身定做的。课程体系的构建以"专业"为基点,强调学科自身的知识体系,注重学科间纵向的关联度与系统性,全部课程均为必修,不设选修,课程模式过于单一,刚性较强,很难适应现代科学技术迅猛发愿和科学技术革的要求。

3.80年代向拓宽专业口径、加强基础知识的过渡时期

1978年以后,中国高等教育工作进入恢复调整期。1979年,农业部组织力量历时两年修订主要专业教学计划,在总结新中国成立以来教学工作经验教训的同时,指出原有教学计划基础理论教育薄弱,强调本科教学应该着重打好基础,同时提出,农业高等教育应注意因材施教,由学校根据地区特点和学校条件,开设选修课或专题讲座,规定选修课必须占总学时的10%。四年制总学时一般控制在2800学时之内。加强基础理论,突出专业重点,从"专业化"走向"基础化"成为20世纪80年代高等农业院校课程体系改革的主要趋势,课程建设主要是现以下特征。

(1)调整课程结构,实现课程体系基础化

1985年5月27日发出的《中共中央关于教育体制改革的决定》中指出:学校有权制订教学计划和教学大纲、国家及其教育管理部门要加强对高等教育的宏观指导和管理。依据这一精神,国家恢复宏观管理的同时,把制订教学计划和教学大纲的权力下放到了高校,在教学方面坚持实行宏观调控和微观搞活的方针。同年8月,国家教学委员会在哈尔滨召开了全国农科、林科本科生培养基本规格研讨会,对修订各专业教学计划必须共同遵循的原则作了讨论,提出四年制课内总学时一般控制在2600学时以内,选修课可占课内总学时的20%,以扩大教学知识面,增强学生学习主动性。专业课总学时要有所控制,实践性教学环节要有较大加强。

基础课与专业基础课的主要作用是为学生掌握专业知识和学习新科学知识打下宽厚的理论与技术基础,是学习专业知识的基础,而专业基础课又是基础课与专业课之间的桥梁,加强基础理论的学习在20世纪80年代初课程体系变革中被提上重要日程。以农业机械化专业为例,各校调整后的本科课程体系结构发生了显著的变化,总学时数基本控制在2500~2600学时,选修课占课内总学时的比重明显增加,课程门类与内容得到了更新调整。课程体系的结构调整,不再局限于课程教授学时数量上的变化,而更多地注重课程内容质量与教学效果的提高上。如图5-5所示(实践性教学环节周数除外),所调查的五所院校在本科课程结构上均呈现出共性特征:专业基础课程、公共课、基础课的学时占比位居前三甲,专业课程与选修课各具特色。

西南农业大学(现与西南师范大学合并为西南大学)与河北农业大学调整后的课程结构中选修课所占比重均接近于20%,南京农业大学、东北农学院与原北京农业工程大学选修课程保持在6%以上,尽管比重不是很高,但所开设选修课程门数均超过15门,打破了以往"专门化课程体系"不设选修课程的弊端。为学有余力的学生提供了更多开阔视野、丰富知识领域的机会。此外,课程结构的调整主要表现在课程门类和课程内容的更新,实现专业课程与基础课程、传统经典

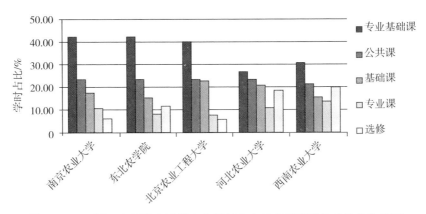

图 5-5　20 世纪 80 年代中后期农业机械化专业本科课程体系结构的比较

内容与现代科技新成就的综合与统一。公共课程主要包括中国革命史、马克思主义原理、社会主义建设、体育与外语等课程,占总学时的 21%~23%。基础课多数院校以高等数学、物理和化学(个别院校如南京农业大学、西南农业大学不设化学)为主,北京农业工程大学增设线性代数、概率论与数理统计、计算方法等课程为基础课,基础课程占比高达 22.83%,为调查院校之最。为适应第三次工业技术革命要求,许多院校大力强化基础课程,开设了算法语言、BASIC 语言及程序设计、计算机原理应用等计算机类课程作为公共必修课,除必要的政治理论课程外,大学语文、科技写作与文献检索课程等人文社科类课程相继开设,人文社科类教育的必要性在工程教育中逐步体现。在课程内容方面,一方面通过压缩传统经典课程课时,也称课程内部改造,通过大课化小,精简内容,以及增加反映学科最新成就的知识,实现课程新旧知识的整合与协调;另一方面,通过纵横调节课程间的内容结构,横即为并行有联系课程内容的调整,纵即对前行课程与后续课程的衔接与调整,去除内容重复和知识陈旧课程,使传统专业课程设置数量得到有效调整,所占比重呈现下降趋势,基础课程略有增加,从而形成新的专业与基础兼顾、文理课程综合的新学科专业课程体系。

(2)创新学分制课程计划,增加学科结构弹性

1984 年开始,农业院校相继以"加强基础、拓宽专业、重视实践和培养能力"为基本原则,改革学年制教学计划,通过压缩总学时与必修课,增加选修课与实践环节,建立富有弹性的学分制课程体系,增强学生学习的自主性和灵活性。使之形成合理的知识与智能结构。课程在加强基础理论教学的同时,注重实践能力的培养。

华中农业大学自 1985 级新生开始实行学分制,该校先后三次全面修订了

全校专科专业计划。修订内容包括:压缩总学时的同时增加选修学时,各专业总学时由 3000 学时左右降至 2700 学时,选修课要求一般占总学时的 15%,达到 400 学时,每门课的授课时数一般减少 15% 左右,实验实习时间不变。确保基础理论课在教学计划中的地位,基础课一般达到了专业计划必修学时 33% 以上。加强英语和计算机课程教学,保证本科生英语教学时数稳定在 280 学时,计算机课作为必修课列入了各专业教学计划。根据专业培养目标要求,从知识结构、智力结构、技能结构等几个方面对课程进行了合理的设置,使知识内容的衔接更为合理。新的教学计划在培养目标中突出能力培养,重点加强了实践性教学环节。1986 年 8 月 8 日,国家教委在哈尔滨召开的普通高等学校农科、林科本科生培养基本规格研讨会上,对四年制工程技术类专业教学计划进一步提出:要求四年制工程技术类专业一般不超过 2400 学时为宜,理论教学(包括讲课、习题课、讨论课)总周数不应少于 115 周,专业课学时一般不宜超过总学时的 12%~18%,学生的课内外计划学习量应控制在 1∶1.2 以内,实践性教学环节(包括专业劳动、教学实习、生产实习、毕业实习、课程设计、毕业设计或论文)一般不应少于 23 周。

相比本科生教育改革,研究生培养方案改革步伐还要早一些。继 1981 年国务院批准首批博士和硕士学位授予单位、学科及专业点之后,结合 1982 年教育部印发的《关于高等学校制订理、工、农、医各专业研究生培养方案的几项规定》及 1983 年农牧渔业部颁发的各专业硕士学位研究生培养方案(试行草案)的要求,获得相关专业学位授权的院校相继构建了新的研究生课程体系,课程结构包括必修课(学位课和方向必选课)与选修课,新的课程学习开始采用学分制。由于研究生教育刚刚恢复,各招生院校的研究生课程体系开始在实践中不断探索前行。

总体来看,80 年代的课程体系改革是在保证专业主干课程质量的前提下,开设了大量系统性强、理论较深的选修课,包括大学语文等文科类选修课,专业类公共选修课,以及人文科学类的公选课等。选修课的大量开设,不仅促进了新兴、交叉学科的建立、发展以及不同学科、专业之间相互渗透,而且改变原有课程体系专业课程设置单一、文理课程缺乏的局面,课程结构得到有效优化,学科结构更具弹性,为学生跨学科选择和自我发展提供了一定的自由空间。也为专才教育向通才教育模式的转变创造了一定的条件。

4.90 年代共性培养向重视学生个性化培养的调整时期

20 世纪 80 年代的课程体系改革是在反思苏联式的专门化课程体系基础上

发起的,以突破过于"刚性"的课程结构为目的,课程改革重点关注学生知识结构与能力的调整,虽然课程结构在综合性与灵活性方面取得了突破,但课程体系仍遵循"基础课+专业基础课+专业课"的"三层楼"结构,因材施教主要通过大幅增加选修课程来到达目的。随着计划经济向市场经济的转变,"过弱的文化陶冶,过窄的专业教育,过重的功利导向",以及围绕专业设置课程体系的专才教育模式已经不能够适应社会发展需求。

1994年6月20日,国家教委与农业部联合发布的《关于进一步深化高等农业院校教学改革的意见》中指出,应积极探索新时期的人才培养模式,培养适应社会需要的多规格、复合型人才,人才培养实行"大口径进,小口径出"。加强基础、拓宽专业口径,实行按系(院)或类招生,"宽口径、厚基础、复合型人才培养模式"等理念相继被提出。农业工程课程体系的构建理念发生了重要转变:首先是从"单纯的专业教育"向注重"综合素质教育"转变;其次是从"重传授知识"向"传授知识和能力培养并重"转变;再次是从过分强调学生共性培养向重视学生个性化培养转变。

以原北京农业工程大学为例(见表5-15),与20世纪80年代末农业机械化本科专业课程体系相比,1995年重新修订的农业机械化与自动化课程结构的变化主要呈现以下特征。

一是基础课数量与知识范围得到拓展,在增加计算机基础、程序设计基础等基础课程的同时,适当降低了技术基础(专业基础)课程的门类。此外,基础课还增设了农业经济类课程,使学生的知识面有所拓宽。

二是大幅度提高选修课程的比重,扩大学生选课的自由度。1995年专业选修与任意选修课的占比合计为15.79%,而80年代末选修课程(包括专业选修与任意选修)仅占5.86%的比重。但是,从课程结构及其课程内容设置来看,农业机械化专业课程体系仍未摆脱专业教育的基本框架。

表5-15　北京农业工程大学不同时期农业机械化本科专业课程结构的比较

1988年	课程类型	门数	学时占比/%	1995年	课程类型		门数	学时占比/%
农业机械化	公共课	5	23.85	农业机械化与自动化	公共基础课		15	40.79
	基础课	6	22.83		技术基础课		14	29.93
	技术基础课	15	39.80		专业课	必修	11	13.49
	专业课	4	7.66			选修	9	9.21
	选修	25	5.86		选修		—	6.58

研究生培养是农业工程学科建设中重要的一环,研究生学位制度的建立推动了学科的建设与发展。随着社会发展对人才需求的变化,早期制定的研究生培养方案,尤其是课程体系开始出现不适应。1988年,农业部组织全国有关专家开始修订与制订涉农学科硕士学位研究生培养方案和博士学位研究生培养基本要求工作。并分别于1990年和1991年相继出台农业机械化、农业机械设计与制造、农业水土工程硕士学位研究生培养方案和博士学位研究生培养基本要求,农田水利工程、农村能源工程硕士学位研究生培养方案和学位论文要求也同期出台,1992年由农业部教育司发布在全国执行,成为90年代农业工程学科研究生培养的主要依据,各院校在此基础上根据各自的特点和不同的专业设置加以调整。

以农业机械化专业为例(表5-16),相比80年代初期创建的培养方案,本次研究生培养方案的修/制定工作主要呈现以下特征。

一是兼顾专业的共性与各研究方向的差异性,硕/博士专业基础课分别要求与本科/硕士课程衔接,内容适度加宽、加深,在宽度与广度上做足,课程内容不仅强调要具备先进的工艺与结构知识,还要有一定的理论与原理分析深度,同时强调技术与农业生物生长发育规律之间的内在联系。

二是以社会发展需求为导向,新增多门前沿性理论与技术课程。如计算机原理与技术、系统工程、机电一体化及现代控制理论等80年代在欧美发达国家兴起的理论与技术开始应用在农用动力与作业机械领域,瞄准国际发展新趋势并将其及时补充到研究生课程体系是本次修订的一个显著特征。此外,本次修订在强调学生自学的同时,还首次增设了研讨课,重点培养学生独立思考、分析与综合能力,加大对学科前沿动态的交流与学习。课程设置基本按照学位课(必修课)、必选课(指定选修课)与选修课的方式划分,除外语和政治理论等公共学位课外,其他学位课按二级学科设置,硕士要求30~40学分,博士15~20学分。

表5-16　1990年农业部发布的农业机械化专业硕/博士课程体系

类别	硕士课程	博士课程	备注
学位课 (必修课)	马克思主义理论(4学分)	马克思主义理论	博士要求掌握两门外语
	外国语(6-8学分)	外国语	
	工程数学(4-6学分)	专业基础理论课	
	高等农业机械化学(3学分)		
	农业机械化(3学分)		

续表

类别	硕士课程	博士课程	备注
必修课 （指定选修课）	计算机原理及技术（2学分）	专业课	根据研究方向，硕士由导师制定2-4门
	计算机应用基础（2学分）		
	系统工程或农业系统工程（3学分）		
	共计27门课程		
选修课 （一般选修课）	机电一体化（2学分）	无	一般选修1-2门
	数据库（2学分）		
	信息控制论（2学分）		
	液压控制（3学分）		
	共计20门课程		

20世纪90年代，农业工程课程体系改革的时代背景发生了深刻变化；国家经济体制开始向社会主义市场经济转轨，原本形成于计划经济体制下的"对口专业教育"观念，急需向不断变化的社会需求转变与适应，人才培养从强调"对口性"转向强调"适应性"，教育大环境的变化促进了农业工程课程体系的变革。"厚基础、宽口径"教育理念正式提出改变了以往"千人一面"的培养理念。但是，政策的实际执行并没有从根本上突破专业教育模式的束缚，不同院校虽然根据国家政策及高等教育形势的需要不断地进行调整与改革，但学科人才培养基本上还是在专业教育的框架内进行的，硕士研究生的学位课程依旧强调按照二级学科设置，修订工作仅仅是对原有模式的修补，课程体系改革并未取得根本性的进展，课程体系集成多、创新相对较少。

5. 21世纪以素质教育为导向的通专结合全面改革时期

进入21世纪后，高等教育整体环境、学科自身发展及教育对象等都发生了显著变化。在"大类招生、大类培养"背景下，拓宽共同的学科基础（即学科基础相同的几个专业按类打通培养），推进低年级基础性课程通用化和扩展专业知识领域（推进通识教育，加强学生人文素质和科学素养教育），高年级柔性设置专业方向课程，成为新本科专业目录实施后课程体系改革的总体方向。

一是"平台+模块"式课程模式的创新打破了以专业为导向的"三层楼"课程体系模式。1998年本科专业目录的调整思路是以学科性质与学科特点作为专业划分的主要依据，本次调整农业工程学科正式专业调整为四个，与原有专业目录相比,专业口径得到了显著拓宽,并增设农业工程为目录外专业。专业口径的拓宽意味着专业种类的减少,为拓宽学科基础课程、推进基础课程通用化、灵活设置专业方向课程创造了前提条件。进入 21 世纪后,"通识教育基础上宽口径的专业教育"人才培养模式被广为采纳,围绕专业而设置的传统专门化课程体系真正实现了领地的改造,"平台+模块"式课程体系模式被创新性提出(图5-6)。

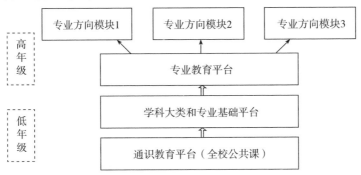

图 5-6 "平台+模块"课程结构模式

"平台+模块"课程模式通常由通识教育平台、学科大类与专业基础平台和专业教育平台三部分构成。其中,通识教育平台一般包括全校性公共课与通选课程,包括政治、外语、体育、计算机、数学与物理等课程,主要涵盖数学与自然科学、人文社会科学、语言学、经济管理学、文学与艺术等,是对农业工程学科基础知识的拓宽。通识教育平台创新性地构建人才知识与素质结构,有利于培养学生的社会适应能力;学科大类与专业基础课平台旨在加强学生的共同基础,淡化专业界限,通过打通学科大类所覆盖不同专业的专业基础课,经整合而形成的统一的大类专业或学科的基础课群,是专业教育的核心;专业教育课程平台通常是指专业方向课程,是由农业工程学科或专业大类下的专业课组成的专业方向课组,课时较少,旨在培养学生掌握必要的专业知识与技能。与"三层楼"式课程结构模式不同,"平台+模块"式课程结构最典型的是除必修课程外,在不同平台中设置可供学生自由选择的模块化课程。

以教育部2000年8月启动的"21世纪初高等教育教学改革项目——农业工程大类本科人才培养的研究与实践"项目为契机,以宽口径、复合型高级工程技术人才为培养目标,经过4年的实践与探索,中国农业大学提出农业工程大类专业"两平台、三阶梯"课程体系模式。

该模式是典型的"平台+模块"式课程结构(图5-7),课程重心结构明显降低,充分体现了"夯实基础,通专结合"的课程构建基本原则。"平台"由基础教

1.社会科学基础	1.农业科学	A组：设施农业
思想道德修养	生物学概论	设施农业工程工艺
法律基础	农牧业生产基础	生物环境与科学
毛泽东思想概论	生态环境原理	农业建筑学
马克思主义哲学原理	土壤与水资源	灌溉排水工程
政治经济学原理B	2.经济管理科学	农业工程规划与设计
邓小平理论概论	工程项目管理B	B组：农业工程设计
大学英语	经济管理类	农业机械设计
体育	文献检索	农业工程规划与设计
人文社科类（选修课组）	专业英语	机电系统驱动与控制B
2.自然科学基础	3.工程科学	农产品加工过程
计算机基础	画法几何与工程制图	设施农业工程系统
C语言程序设计基础	工程力学	C组：农业工程项目管理
高等数学B	电工技术	企业经营管理
概率论与数理统计B	流体力学	农业产业化导论
线性代数	工程测试技术	农业工程规划与设计
大学物理B	工程材料基础	生产营销学B
物理实验B	农业桔柑与设备	项目投资分析B
大学化学	农业工程导论	
自然科学类（选修课组）	工程结构基础	三阶梯：专业教育
计算机类（选修课组）		

二阶梯：学科大类与专业基础

一阶梯：通识教育

基础教育平台　　　　　　　　专业教育平台

图 5-7　"两平台、三阶梯"课程体系

育平台与专业教育平台两个部分组成。其中,基础教育平台由通识教育(包括社会科学与自然科学基础理论模块)和学科大类与专业基础(包括农业生产基础理论、工程技术基本知识和经营管理科学三个模块)两部分构成。其中,社会科学基础中除必修课程外,增设人文社会科学类选修课组,课程设置突破了传统以政治理论课为主的模式,内容广泛涉及经济、管理、法律、科技、哲学、文学与艺术等领域,为加强学生学科知识基础,拓宽学生知识面,增强学生适应能力提供了必要的支撑。学科大类与专业基础平台是按照农业工程一级学科设置的大类教育平台。在此平台上,学生系统地接受比较宽泛的生物生产系统、农业工程机具装备、农业设施与环境、信息与自动化技术以及农业工程项目规划设计管理等知识,培养学生从事农业工程规划、设计、开发、建设、管理、教学或试验研究等工作能力。专业教育平台共设置了农业工程设计、设施农业工程和农业工程项目管理三个模块,为选修课程体系。其中的模块是对专业知识体系的内容分解,并按专业内容与结构组合而成的课程群,旨在构建不同的专门化模块方向,使学生根据自身的特点和兴趣爱好自由选择自身发展的空间。同时,为学生提供农业工程领域相关知识的机会,即任意选修课程的机会。在专长平台上,学生要求选定一个必修课程组,同时要求在其他两个课组中选修一定学分,为学生提供更为广泛的课程选择机会并由此扩大学生知识面,充分激发学生学习主动性与积极性,因材施教,培养工程技术型、研究开发型、技术管理型和经营管理型等不同规格的技术人才。

"平台+模块"课程模式将各级平台上的课程按学科门类分类,组成各种学科知识模块与专业技能模块,实现了专业口径的大幅度拓宽。通过对模块课程知识的纵向衔接。横向拓展实现了课程结构的整体优化,有效增加学生课程选择自由度和自主学习时间,充分体现了学科"厚基础、宽口径、强能力、重实践、高素质"的人才培养总体要求,打破了半个世纪以来专业口径狭窄的专才教育模式。在遵循通识教育与专业教育相结合的课程改革指导思想基础上,学科人才培养目标由"专而窄"向"通而宽"转变成为多数院校的共识。

在研究生教育方面,1992 年后,农业部等上级主管部门不再组织统一修订培养方案,由培养单位在研究生培养实施基础上不断自行修订。为满足国家现代化建设对学科高层次专门人才培养的需要,根据国务院学位委员会、原国家教育委员会 1997 年颁布的《授予博士、硕士学位和培养研究生的学科、专业目录》与1998 年教育部下发的《教育部关于修订研究生培养方案的指导意见》文件精神,新一轮的学科专业研究生培养方案修订工作启动。本次修订各院校确立了以建立社会需求为导向,与社会主义市场经济体制及科学技术发展相适应的研究生培养体系指导方针,新的课程体系在贯彻加强理论基础和知识面、实现全面素质培养和保持学科专业特色基本原则的前提下,基于压缩学时、拓宽范围和改进方法等多维角度,重点突出对基础课程知识综合性、前沿性与交叉性的要求,学位课程中重点增加了学科课程和方法论,素质教育类课程,以促进研究生创新能力和综合素质培养。

二是课程结构重心显著降低,"基础化"课程设置原则充分体现。苏联模式专门化课程体系中基础科目设置的目的是为学习专门科目准备必要的基础知识,为专门科目服务,对基础课程的要求是"够用即可",因此,整个课程体系的结构重心倾向于专业课程。20世纪80年代与90年代农业工程学科两次课程体系的改革仍是在专业教育的框架内进行的,改革没有突破原有课程体系的框架,从性质上来讲,课程体系还未突破计划经济时代的束缚。基础化是相对于专门化而言的。"平台+模块"课程结构模式中,通识教育模块、学科大类与专业基础课程平台课程的分量大幅增加,专业教育平台的课程经整合后显著减少,课程结构重心明显降低,宽口径、基础化课程设置原则得以充分体现。实践中,如表5-17所示,不同院校结合自身情况对旧的课程体系进行了革新,课程结构各有侧重。所调查的6所院校中(数据整理自各校2009-2012年教学计划),除安徽农业大学与山东农业大学通识教育所占学分比重不足20%以外,其余四所院校通识教育的学分比重均超过23%;专业课程的设置西北农业科技大学走在队伍的前面,学分占比降至7.85%,中国农业大学以12.84%的比重位居第二。

表5-17　不同院校农业机械化与自动化专业课程体系的比较

课程类别		中国农业大学		华南农业大学		华中农业大学		安徽农业大学		西北农林科技大学		山东农业大学	
		学分	占比/%	学分	占比/%	学分	占比/%	学分	占比/%	学分	占比/%	学分	占比/%
通识教育		45.0	26.87	51.0	28.81	47.0	29.10	56.0	18.06	38.0	22.67	26.0	15.12
基础教育	数学	17.0	10.15	15.0	8.47	19.0	11.76	25.0	8.06	23.0	13.37	15.0	8.72
	物理	7.5	4.48	0.0	0.00	5.5	3.41	11.0	3.55	6.0	3.49	6.5	3.78
	力学	6.5	3.88	9.0	5.08	8.5	5.26	11.0	3.55	8.5	4.94	7.0	4.07
	农学	2.0	1.19	—		2.0	1.24			2.0	1.16	2.0*	1.16
	专业基础	34.0	20.30	21.5	12.15	28.5	17.65	51.0	16.45	45.0	26.16	30.0	17.44
专业教育		21.5	12.84	41.0	23.16	34.5	21.36	89.0	28.71	13.5	7.85	48.5	28.20
实践教育等		34.0	20.30	36.5	18.64	16.5	10.22	67.0	21.61	35.0	20.35	37.5	21.80
合计		167.50	100.00	177.0	100.00	161.5	100.00	310.0	100.00	172.0	100.00	172.5	100.00

6. 学生能力评价和通识教育理念与现实存在较大差距

21世纪以来,农业工程课程体系改革取得了突破性进展,"平台+模块"课程体系模式的提出改变了长期单一的专业教育倾向,20世纪兴起的通才与专才教育之争已经演变成通识教育与专业教育平衡点的探索,学生能力与综合素质培养成为农业工程学科人才培养的首要任务。模块化课程体系的设立使学生自主选择性显著增强,不仅有效拓宽了学生知识面,优化了知识结构,而且使课程结构重心明显降低。但不容忽视的是,实际运行中,农业工程课程体系仍存在一定的短板。

（1）课程建设缺乏对学生能力培养目标的评价与落实

学生能力评价是高等工程教育专业评估的一项重要指标，其数据获取主要来源于课程体系。1997年，ABET排出新的工程教育评估准则"工程准则2000"（Engineering Criterion2000，简称EC2000），该专业评估准则重点强调对学习效果的评估，评估内容广泛涵盖了11个方面（ABETa-k）对学生能力培养的要求包括应用数学、科学和工程知识能力；设计、实验与数据处理能力；按照要求设计系统、单元和过程的能力；在跨学科团队中工作的能力；验证、阐述和解决工程问题的能力；职业伦理和社会责任感，有效的语言交流能力；必要的宽口径教育，以使学生理解全球和社会复杂环境对工程问题的冲击；与时俱进的终身学习能力；具有有关当今热点问题的知识；应用各种技术和现代工程工具去解决实际问题的能力。参加ABET专业评估的院校均以该准则为标准，采用构建课程与学生能力培养（也称专业产出）映射矩阵的方式，来清晰地反映每门课程所能够提供的专业产出，以及相应产出所采用的考核手段和所需要的必备考核数据。

课程与专业产出映射矩阵可从两个不同角度加以诠释：从课程角度，需说明该课程主要讲授哪些内容，以此来衡量学生需掌握什么样的能力，可采用何种手段或方法来考核该产出，诸如问卷调查、作业抽样调查或考试等；从专业产出（学生能力培养）角度，矩阵要求能够充分体现某项ABET能力可通过哪些课程得到考察，不同课程是通过什么样的教学内容和要求实现此产出目标的，并要求每门课程提供能够说明学生能力的相关数据和证据。课程评价数据由任课教师负责采集整理，在课程开始做好计划并在结束后撰写课程报告。报告内容需明确该课程所考核的专业产出和相应的考核手段并需逐项列出产出的考核结果及对每条产出结果的具体分析，根据分析结果对课程提出进一步的改进建议。如此细致的学生能力评价不仅有利于及时反馈课程教学效果，而且进一步强化了教师的教学责任，促进了教学实践的改进与提高。

相比国外发达的工程教育评估与认证机制对专业课程与专业产出评价所起的促进作用，中国农业工程教育在课程体系建设与学生能力培养目标的对接上仍存在一定的欠缺。尽管不同院校在农业工程相关专业培养方案中均提及学生能力培养要求，但在具体的课程体系落实中缺乏相应的课程与专业产出的映射关系的梳理及评价机制，学生能力培养目标的实现停留在文字规范上，具体的实践有待建立统一的评价机制与进一步规范化管理。

（2）通识教育课程理念与实际操作依旧存在认同差异

进入21世纪以来，"拓宽专业，加强基础"成为中国高等教育的主流思想，农业工程学科课程体系改革也不例外,不同院校结合自身情况进行了多种适应性的探索,尽管做法不尽相同,但"通识教育+专业教育"课程结构已成为普遍认可的模式。通识教育不只强调"学知识",更注重的是"育人",尤其注重学生品性、思维及人格的养成。虽然多数院校开始在课程类别名称前冠以"通识教育",但对通识教育目标普遍存在认识不到位或不明确的现象。

多数院校通识教育理念与实践之间存在显著差距。通识教育目标是有效开展和实施通识教育的前提。当前,通识教育理念的贯彻在学科专业培养目标中鲜有体现,通识教育多是专才教育的基础或补充,培养"高级工程技术人才"仍是多数院校主要的培养目标。以农业机械化及其自动化专业人才培养方案为例,2009年,华南农业大学对该专业的定位为:本专业培养德、智、体全面发展,掌握机械及其自动化装备的设计和制造知识,具备机械及其自动化装备的设计制造、试验鉴定、选型配套、设备维护、技术推广、经营管理等能力并将其应用于农业生产,能从事与机械及其自动化有关的设计、制造、设备维护、运用管理、科研和教学等工作的高级工程技术应用型人才。2010年修订的华中农业大学本科培养方案提出,本专业培养具备农业机械及其自动化的构造原理、设计与性能试验研究、使用管理及现代生物学知识,能在农业机械领域、畜牧工程领域和可再生能源领域开展农业机械与装备、畜牧机械与装备的设计与制造、农业领域生产机械化的规划与设计,能胜任企业和事业单位本领域的教学与科研、规划与管理、营销与服务等方面工作的高级工程技术人才。中国农业大学农业工程大类本科专业培养目标定位是,面向农业工程开发建设、科技创新的需要,培养具有现代科学技术知识和工程实践能力的农业工程科学研究、设计规划、开发建设和管理、农业设施与环境、农业资源开发与利用、现代农业生产技术集成与管理、自动控制与检测等方面的高级复合型工程技术人才。三所院校均强调了培养"高级工程技术人才",而没有关注到具体培养"什么样的人"。

通识教育课程的设置说明高校具备了一定的通识教育思想,但由于国家教育行政主管部门一直未出台相关正式的指导性文件,导致多数高校管理层与决策层在通识教育理念的贯彻上多处于观望状态,在专业培养目标中未体现有明确的通识教育目标。大学教育不仅需要培养人才,更重要的是育人,培养具有终生学习能力的人、有文化素养的人。通识教育要不要做?怎么做?至今不同院校依然存在理念认同的问题。从通识课程设置的内容看,现有通识课程对社会交往能力、语言表达能力、审美能力及批判性思维等的培养普遍比较忽视。由此也反映出通识教育在我国高等教育中所处的尴尬境地:在理念上,通识教育的重要性被不断地肯定,但在实践中,通识教育的重要性又不断被弱化,甚至忽视。总而言之,尽管通识教育思想已经在课程体系中有所涉及,但多数院校仅仅把通识教育作为宽口径专业教育的基础,通识教育目标与通识教育课程的作用及其重要性有待自上而下的重视与推动。

第四节　中外农业工程课程体系比较

进入21世纪以来,随着农业类院校对"夯实基础,通专结合"课程构建原则的认可,学科课程体系改革取得了突破性进展。鉴于两国传统教育理念与教育制度的不同,学科发展阶段的不同,课程体系仍存在一定的差异。以中美两国具有一定代表性的爱荷华州立大学、北达科他州立大学、中国农业大学与西北农业科技大学为例,就当前中外农业工程本科专业课程体系的发展状况加以比较分析。因美国高校的毕业设计没有学分,以下数据统计时国内毕业设计与军训学分除外,具体统计结果见表5-18。

一、通识教育理念认识不同,课程内容差异显著

爱荷华州立大学通识教育课程在整个课程结构中所占比例为17.19%,北达科他州立大学为20.30%,两校课程设置内容基本相同,不仅包括传统的写作与交流、文化与社会研究、科学推理等领域,而且开始更多地关注对学生信息素养、多元文化和全球意识、技术能力,以及批判性思维与解决问题能力的培养。通识课程的建构广泛涵盖人类各个重要知识领域以扩展学生的知识及认识能力,通过跨学科学习与训练,充分拓展学生知识面,培养学生终身学习的能力。中国两所大学通识教育课程所占比重分别高达29.22%与26.73%,但值得关注的是在课程内容设置及分配上与美国两所院校差异非常显著:通识教育显性课程包括全校必修课程和文化素质教育选修课程两大类,全校必修课程中,思想政治类课程占据通识教育四分之一的份额,传统的计算机类、体育及语言类课程占据通识教育近一半的份额,比重高达40%以上。上述两者合并占据通识教育近四分之三的份额,国家硬性规定的马克思主义原理、思想道德修养与法律基础、中国近现代史纲要及毛泽东思想、邓小平理论和"三个代表"重要思想概论四门课程在全校必修公共课仍占据主导地位,是传统课程体系的延续。剩余的四分之一为新增的人文社科类、文学艺术类与经济管理类公选课程,是近年来借鉴国外大学通识教育理念基础上课程改革新设置

的课程,两校所占份额均与思想政治类基本持平。由此看来,中外通识教育课程的设置各有侧重,美国课程设置重在知识的广度,内容更趋国际化与多元化,中国则更多集中在四门传统思想政治理论课程。

　　总体来看,美国高校农业工程专业对通识教育要求涉及的范围较为广泛,课程内容更趋多元化,在拓展文化视野、培养道德情操、加深知识学习、提升学生综合素养与提升高校生终身学习能力等方面都有体现;中国农业院校开设通识课程刚刚起步,主要集中在传统的思想政治理论领域。新的课程内容虽有涉及,但仍在探索与完善阶段。

表 5-18　中美农业工程专业课程学分结构的比较

课程构成	课程名称与类别	爱荷华州立大学（农业工程专业）						北达科他州立大学		中国农业大学		西北农林科技大学	
		农用动力与机器		动物生产系统工程		土水资源工程		农业工程		农业工程		农业机械化与自动化	
		学分	占比/%	学分	占比/%	学分	占比/%	学分	占比/%	学分	占比/%	学分	占比/%
通识教育	写作与交流	10.0	7.81	10.0	7.81	10.0	7.81	12.0	9.02	—	—	1.0	0.63
	人文社科等	12.0	9.38	12.0	9.38	12.0	9.38	15.0	11.28	45.0	29.22	40.5	25.48
基础教育	数学	14.0	10.94	14.0	10.94	14.0	10.94	17.0	12.78	17.0	11.04	20.5	12.89
	物理	10.0	7.81	10.	7.81	13.0	10.16	4.0	3.01	9.0	5.84	6.0	3.77
	化学	5.0	3.91	5.0	3.91	5.0	3.91	6.0	4.51	6.5	4.22	—	—
	农学/生物	6.0	4.69	6.0	4.69	9.0	7.03	③	③	5.0	3.55	2.0	1.26
	专业基础 合计	37.0	28.90	43.0	33.59	25.0	19.53	50.0	37.60	32.0	20.78	53.5	33.65
	其中:力学	13.0	10.16	10.0	7.81	10.0	7.81	19.0	14.29	6.5	4.22	10.0	6.29
专业教育		34.0	26.56	28.0	21.88	40.0	31.25	29.0	21.80	39.5	25.65	35.5	22.33
合计		128.0	100.00	128.0	100.00	128.0	100.00	133.0	100.00	154.0	100.00	159.0	100.00

二、注重基础理论的重要性,课程选择各有侧重

　　在自然科学基础方面,爱荷华州立大学农业工程专业所设置的三个方向的基础教育各有侧重:力学课程的重要性在农用动力与机器方向得到体现,而土水

资源工程则更侧重于物理、农学与生物科学类知识。动物生产系统对物理、数学及农学与生物科学的要求不是很突出。北达科他州立大学所设置的课程则更能够体现出力学、数学知识的重要性,两者所占比重分别为 14.29% 与 12.78%,物理学知识的重要性则要逊色很多,仅为 3.01%,属于了解水平。

专业基础(包括工程科学与机械工程类等课程)方面则差距较大,爱荷华州立动物生产系统所要工程与专业基础课程比重高达 25.78%,课程广泛涉及工程制图导论、热力学、农用建筑结构分析、钢结构与混凝土结构设计及环境污染控制等领域,共计 7 门课程。而土水资源控制方向课程主要以水文学与水力学为主,共计 3 门课程。北达科他州立大学工程与专业基础课程占比为 23.31%。

美国两所院校专业教育课程设置总体超过 20%,其中,爱荷华州立大学土水资源工程方向事是高达 31.25%。不同专业方向课程中均包括农业与生物系统工程体验、基础、设计与管理等综合类课程,在重视基础理论教学的同时,通过设置较多的基础课程和专业课程,注重加强对学生专业研究能力与应用能力的培养已成为美国通专课程体系构建的一个基本方向。

从课程性质来看,必修课占据爱荷华州立大学农业工程专业课程体系的主导地位,128 学分中有 21~28 学分为选修课程,其余为必修课程,也就是说,选修课程占 16.40%~21.88%。在北达科他州立大学,选修课共计 46 学分,占 34.59% 的比重。美国一直以来被认为是大学选课制实行最为彻底的国家,限选课自由度大,任选课门类众多,学生可以在众多的选修课中选修适合的课程。但从爱荷华州立大学与北达科他州立大学课程结构特征来看,美国不同院校对于选修与必修课程的设计还是存在一定的差异的。

与美国两所院校相比。中国两所高校农业工程类专业课程设置具有自己的特点。

一是在自然科学基础方面,专业对数学的重视程度较高(见图 5-8)。西北农业科技大学数学课程占比为 12.89%,中国农业大学为 11.04%,与美国两所高校基本接近。对力学的要求国内显著低于美国两所院校,物理课程比重虽不及爱荷华州立大学,但均高于北达科他州立大学。此外,中国高校对化学、农业与生物类知识要求也明显不足。与北达科他州立大学 7.03% 的农业与生物类课程占比相比,中国高校对农业与生物类课程的重视程度显然要低许多。

二是在加强通识教育、拓宽基础教育、凝练专业教育的思想导引下,通过加大课程重组与整合力度,农业工程专业课程体系改革清除了旧课程体系中内容重复,或内容过于陈旧的课程,专业教育得到进一步的凝练,目前国内专业教育比重与美国两所院校较为接近。经过瘦身后,中国农业大学专业基础课程在整个课程体系中的比重显著降低,但西北农业科技大学仍保持较高的比重。

三是必修与选修课程的分配上,中国农业大学选修课程所占比重为27.27%。西北农业科技大学所占比重为25.55%。显著高出爱荷华州立大学所要求的10.93%至16.40%课程比重,与北达科他州立大学24.06%水平较为接近。

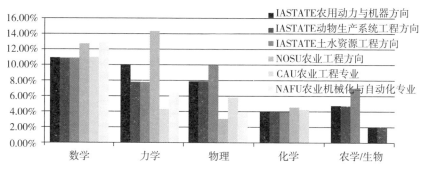

图 5-8　中外自然农业工程专业/方自然向自然部分自然基础课程自然学分
自然占比自然情况比较

比较中美农业工程专业课程学分占比情况可以看出:相比 20 世纪 70~80 年代,美国近年来在保证宽泛的通识教育基础上,专业教育得到了明显加强,专业教育理念在不断得到强化。而中国则在苏联专才教育基础上,加强通识教育的同时,厚基础、宽口径成为新的课程体系构建的基本方向,在拓展基础教育的同时,适度整合、压缩专业必修课程的学分,提高选修课程比例,增强课程计划弹性,给予学生更多的自主学习空间,满足学生个性化发展需求成为当前主要的趋势。两个国家起点不同,发展路径不同,但课程结构改革的最终目标是一致的。

学科人才培养的核心工作是课程体系的建设。中国农业工程专业课程体系建设仍处在积极探索阶段,不同院校需结合学校办学定位、学科建设及人才培养规格等基本情况,综合考虑课程体系的构建与完善。

1. 完善课程学生能力评价机制,加强教育质量监督

1998 年,教育部在《关于深化教学改革,培养适应 21 世纪需要的高质量人才的意见》中明确指出:对高等学校教学工作进行评价是诊断学校教学工作,深化教学改革,促进教学建设和提高教育质量的重要手段,也是实施教学管理的重要方式。各高等学校要继续探索加强教学质量检查监督的措施和办法,并使之逐步科学化、规范化、制度化。教育部对高等学校的教学工作进行整体性评价。

围绕培养目标,实现培养目标、培养要求与课程体系的一体化设计。培养目标是完成专业学习后毕业生所应具备的整体工作能力,是学生能力培养要求与课程体系构建的基础与前提。学生能力培养主要通过课程体系的架构得以实现,评判课程体系是否能够满足学生能力培养要求,需对专业目标有较为准确的定位,尤其是毕业生在相应行业中 5~10 年内的地位、作用、影响和贡献。学生能力培养要求的制定要着眼于学生在不同阶段,尤其是大学四年学业中所获得的基本能力。根据学生能力培养要求制定课程总体要求及每门课程的教学要求,建立课程与能力培养的映射关系矩阵,使每门课程及整个课程体系与培养目标和能力培养要求直接联系起来,形成完善的课程与学生能力评价机制。课程与能力评价映射关系矩阵的建立不仅有利于促进老师很直观地认识到为什么教、教什么、效果如何? 强化课程教学质量控制,而且也能够让学生明白"学什么、为什么学",提高学生学习兴趣,促进教学效果的提升。此外,通过映射关系的建立,还可有有效理清不同课程学科知识点之间的纵横关系,为重组和优化教学内容提供新的依据。

2. 正确认识通识教育重要性,加强课程结构改造

厚基础、宽口径是通识教育理念的核心。20 世纪 90 年代以来,国内外高等教育课程体系改革与发展走向总体趋于一致,通识教育与专业教育协调发展已成为主流思想。通识教育重在"育人",为社会培养德才兼备的合格公民。通识课程广泛涵盖人文科学、社会科学与自然科学的多个领域,三者的有机结合不仅有利于拓展学生知识面,奠定学生宽厚的基础知识,更重要的是注重对学生获取知识能力和整体素质的培养,从而增强学生的社会适应能力,这一点是以往专业教育为主课程体系所严重缺乏的。尽管国家还未从行政管理的角度发文加强通识教育,但 20 世纪 80 年代以来教育界就通识教育的广泛讨论已达成一致理念,坚持通识教育基础上的通才教育与专才教育的融合将是未来高等教育的发展方向。

现代工程不仅包括技术层面的要求,还要考虑社会、经济、环境、生态、文化、伦理等非技术层面的因素,而这需要多学科、多领域的共同协作与支持。一方面,基于"大工程观"理念,农业工程课程体系建设必须从根本上打破学科专业壁垒,强化基础理论教学,重视文理渗透,重视强跨学科协同,强化课程的基础性与综合性,以适应科学综合化和现代化农业发展的要求。另一方面,随着知识更新速度的加快,学生自我学习、知识自我更新能力的培养愈发重要。基础科学作为整个科学技术的理论基础,是科学知识体系中最成熟、最稳定的部分,对培养学生的可持续发展能力具有稳定的支撑作用。

　　近年来,多数院校课程的基础化改造在"量"上取得了突破,但在"质"的方面及课程结构性改造上有待加强。课程体系改革是一项系统工程,需要准确选择合适的人才培养模式,确立相应的专业培养目标与学生能力培养要求,借此推动课程体系改革。依据人才培养总体设计,合理规划知识、能力与素质整体结构,处理好传统与现代、基础与应用、通识与专业等关系。

第六章　新农科背景下农业工程学科教学

　　新农科建设已成为新时代高校农业教育改革的重要方向,要从现代农业产业转型、实施乡村振兴战略、新时代高等教育发展、生态文明建设等不同层面深入理解新农科建设的产生背景及时代意义。高等农业院校在新农科建设中要稳固核心地位,坚持立德树人与投身乡村振兴战略紧密融合、坚持卓越人才与应用型人才培养紧密融合、坚持新农科新工科新文科建设互相支撑紧密融合、坚持高等院校专业改革人才培养与农业产业化紧密融合、坚持高等院校与农业区域发展紧密融合。作为高等农业院校,农学专业更应该培养能够从事大田作物生产的应用综合型人才,因而实践教学对于人才培养至关重要。

　　当今实践教育教学已然是限制高等农业院校农学专业高层次综合型人才培养的主要障碍因素,那么高等农业教育中怎样融合实践教学仍然没有一个完全统一而且可以参照的实践教学标准。近年来,国家明确提出了高等农业院校在新农科建设中的重要地位,农业科技服务推广专业人才不但要求自身素质高,基础理论知识丰富、专业知识扎实,而且要求具备分析与解决农业生产实际问题的魄力和能力。另外,新农科建设背景下高等农业教育教学必须与农业生产相结合,实现农业科技成果转化及推广应用,从而培养能够指导并从事大田作物生产的应用综合型人才。因此,在分析新农科建设视角下高等农业院校农学专业高层次综合型人才的需求基础,依据科学技术专业人才培养的实践教学类型,构建与新农科建设相适应的创新实践教学体系,达到真正可提高学生指导并解决农业生产实际问题的能力、科研素养与业务水平。

第一节　新农科建设对农学专业人才需求的分析

　　新农科建设背景下,高等农业教育教学的使命与责任就是服务乡村振兴和脱贫攻坚,建设生态文明和美丽中国,促进农科与其他学科交叉融合发展。新农科建设背景下,已构建高等农业教育教学质量新体系与新标准,主动策划新型农学类专业,用现代科学技术改造提升农科类专业,加快构建实践教学平台。在新农科建设背景下农学专业专门人才培养方面,应主动衔接其他产业融合发展新要求,加强农业教育与科技结合、产学研协作,努力提高学生综合实践能力,造就一批交叉学科背景、科研素养高、业务水平强的应用复合型农业类科技专业人才。因此,新农科建设视角下高等农业院校农学专业人才培养应满足以下几个方面。

一、新农科建设背景下农业产业升级需要农学专业技术人才

我国作为农业大国,但总体生产力水平相对较低,这主要因为农村占有面积大,山地多、平原少,旱地多、水田少,基层农业科技人才业务水平低、学科背景单一、科研素养弱且队伍建设不足已严峻制约我国农业经济发展和新农科建设。随着国家新农科建设战略的全面启动,产业结构升级和优化农业产业结构面临最大问题,使得农业生产需要依靠大量富有经验且理论水平高与实践能力强的基层农业科技综合型专业人才。随着传统农业向现代农业的过度,基层农业科技综合型专业人才的严重短缺制约了传统农业向现代农业的转变力度、现代农业的发展程度和水平及农业区域发展的竞争力优势。要发展绿色可持续的现代农业,一定要与新农科建设相适应,促进农业产业化快速推进,因而急需培养大量理论基础知识过硬、实践履历丰富、具有绿色可持续现代农业发展战略视野的农学专业应用综合型专业人才。围绕新农科建设战略背景,高等农业院校急需培养大量农学科技服务专业人才用于建设社会主义现代化新农村、提升农村经济水平、服务于农民而提高农民生活水平。因此,遵循新农科建设背景,培养高层次农业科技服务人才对于加快农业科研成果转化与推广应用而助推乡村区域经济快速发展具有指导意义。

二、新农科建设背景下农业科技成果转化迫切需要农学专业人才

虽然我国许多达到国际先进甚至领先水平的科研成果依靠农民培训、示范而实现成果转化,在实际农业生产中得到不同规模的推广与应用,但与发达国家或者区域相比较,农业科技成果转化与推广应用仍然远远落后,在生产上真正能够发挥现实生产力作用的仅占三分之一,其原因是大多数科研工作者只重视基础理论研究,弱化推广及应用,造成研发的先进农业生产技术及模式没有得到大力示范及应用推广。总体而言,我国农业科技成果转化程度较低,因而,农业科技成果转化应用需要依靠大量农学专业人才,亟待培养大批农业专业应用型技术人才。

三、新农科建设背景下加快农业经济发展需要农学专业技术人才

随着社会经济的发展,迫使农业生产与经营方式得以调整与优化,"三农"经济的发展对农业科技专业人才本身的业务水平和专业素养提出更高的要求。新时期广大农民职业差异、劳力分离,使得现代农业发展与农业产业化经营要求基层农业科技服务工作具备多样化、层次化和功能化的基本特征。目前,农业生产很大程度上依赖于化肥、灌溉、机械动力等购买性资源的过量投入而实现高产出。这种生产模式因高投入、高排放、传统精细耕作导致环境污染、生态系统退化、生物多样性减少、系统稳定性较差等负面效应使得耕地质量、区域生态承载力显著下降,因此,生态、高效、有机、优质、绿色、可持续等农业类型相继产生,这要求传统农业必须向现代农业转变,使得农业生产必须具备多样化、标准化、专业化、层次化、规模化的现代农业特征,迫使基层农业科技专业人才具备综合分析与解决生产实际问题的能力。我国农业科技成果转化应用程度较低的另一原因是基层农业科学技术服务专业人才队伍建设中出现人才断层、知识更新不到位等严重问题,难以满足农民对新型现代化、产业化农业生产的需求。

第二节　与新农科建设相适应的涉农专业实践教学创新模式

一、基础理论性、拔高性和探索性实验融为一体的实验教学模式

实验教学是高等院校涉农专业教育教学的重要组成部分,是培养农学实践类创新创业人才的重要环节。目前,农学专业实验教学存在的问题主要有:第一,相似课程间的实验内容略有重复;第二,大班式与集体式的实验教学方式导致实验课过于集中,实验仪器设备数量不够且质量较差等不足之处。因而,优化完善农学专业实验教学内容,有机整合相关学科的实验教学内容,优化配置实验教学仪器设备,缩小重复性、验证性实验内容,通过增加实验课学时来补充设计性、综合性和创新性实验内容,使得农学专业实验教学课程形成一个集基础性、拔高性和探索性实验教学形成的多层次、一体化、综合性的实验教学体系。基础实验教学主要培养本科生对一些普通设备的基本操作与使用。拔高性实验教学主要以符合当地农业生产为切入点,以大宗作物为对象,通过实验探讨其生长规律。探索性实验教学以追踪研究深度不够或者鲜见报道的科学研究问题为主要目标而履行的试验(实验)研究。

依照新农科建设战略背景,要搞好实验教学就要构建有利于培养学生创新创业和实践能力的综合性实验教学体系。目前,甘肃农业大学顺应国家新农科建设战略背景,把农学专业的旱农学、农作学、农业生态学、种子学等部分课程实验教学融合在一起形成了农学基础实验课程,学生通过参与不同内容、不同层次、不同深度的实验课程,有力培养学生的实验操作能力及创新和科学思维能力,从而为今后的学习与工作奠定稳固坚实的基础。

二、课程、专业和毕业实习相融合的实习教学模式

实习是培养学生实际操作技能,是高等院校人才培养的重要实践教学方式。学生通过把基础理论与专业知识集成应用于生产实践中,培养学生独立指导与从事作物生产、分析和解决农田作物生产科学研究实际问题能力的重要环节。通过理论联系实际,与高水平的研究院所或者农科类大学联合进行规模化、层次化、交叉式的学生专业与课程综合实习,组建课程、专业综合实习和毕业实习等三个不同层面的"校内+校外"的实践教学模式。目前,甘肃农业大学农学专业已经逐步形成了依托校内实习基地与实验室而履行的设计性与综合性实验的课程综合实习,与中国农业科学院作物科学研究所、中国科学院遗传与发育生物学研究所农业资源研究中心、中国科学院大学等科研院所为专业综合实习等联合培养基地,以条山农场、黄羊河农场、新疆建设兵团及种业公司等企业为就业见习基地的不同层次相互衔接的实践教学体系。甘肃农业大学今后将继续拓宽实习基地或者单位,保证学生能够持续高质量的进行生产实习。同时,在校生可通过参与大学生科研训练计划(SRTP)、指导老师科研项目、生产实习等研究,开展毕业论文相关工作,实现综合生产实习和撰写毕业论文有机融合。另外,生产实习有助于部分同学考取实习单位的研究生或者就业于实习单位,有效地缓解目前严峻的就业压力。

三、综合实习与毕业论文相结合模式,健全毕业论文管理体制

对于高等院校农学专业而言,毕业需要撰写毕业论文并答辩才能完成学业。因此,撰写毕业论文是最终衡量学生掌握专业理论知识和实践技能的有效方式。对于高等农业院校农学专业的学生参与大田作物生产相当重要,通过参与设计与履行毕业论文所依托的试验,把课堂讲授所学的农作学、作物栽培学、农业生态学、土壤肥料学等理论知识应用到试验实施中,达到学以致用的目的。为了提高本科生毕业论文的质量,就要健全本科毕业论文的考核规则,制定全新的本科

毕业论文管理制度体系。另外,要建立本科毕业论文的奖励制度,加强对优秀毕业论文的奖励。特别是,要鼓励学生贯穿整个试验过程,以培养学生严谨的科学研究品德和较好的专业素养,提升科研水平。

四、开展创新创业性实践教学,实施科研导师制模式

目前,国家提倡学生勇于参与创新创业活动,高等农业院校鼓励学生参与科研训练计划或者创新创业项目,目的在于履行以学生为主体、以科学研究为重心的创新性实践教学,鼓励学生在本科学习阶段主动参与科学研究并应用于生产实践,培养学生严谨的科研态度和敏锐的创新意识,增强学生科学研究及综合实践能力。另外,大学生科研训练计划与创新创业项目的选题要紧密联系实际作物生产,要符合新农科建设战略对新时期大学生培养的基本要求。大学生创新创业与科研训练计划项目可以在指导老师的协助下履行。一些学生自大学第4学期,利用课余空闲时间,根据自己对作物栽培与耕作或者作物遗传与育种两个方面研究领域的兴趣程度而选择专任教师参与科学研究。为了培养学生的科研精神和创新能力,一定要鼓励学生勇于参与科研训练计划与创新创业项目。对于农学专业而言,应对科研有崇高兴趣的本科生采取"本科生导师制",将部分学生聘为科研助理,从第4学期跟随导师从事科学研究工作,既完成了综合实习又可撰写毕业论文。最终实现以科研促教学,通过参与科学研究,为独立完成毕业论文打下坚实的基础。

五、参与新农科背景下的社会实践,拓展学生专业素养的实践教学模式

新农科建设背景下,培养新型科技专业人才考虑的最主要问题是培养专业能力强、科研态度端正,具有创新思维与创业能力且具有吃苦耐劳精神和服务三农意识的专业人才。大学生三下乡社会实践活动是解决新农科建设背景下培养新型科技专业人才的重要环节之一,有助于学生深入体会新农科建设,提高学生分析与解决实际生产问题的能力。农学专业学生进行三下乡社会实践的主要目的在于服务乡村建设、强化学生专业理论知识、培养学生业务能力与专业素养、提高学生实践能力等。通过参与社会实践活动真正领悟新农科建设的具体内涵,进一步发挥学生分析与解决农业实际生产问题的潜力,积极探索将专业理论知识应用于社会实践,将毕业实习贯穿于社会实践,将新农科建设战略的实际需求融合于社会实践的方式。目前,高等农业院校农学专业学生社会实践存在参

与度低、实践形式僵硬、实践内容单一、实践效果差、群众参与度低、农民满意度不高等问题。

第三节　涉农专业实践教学的改革与创新

一、专业认知实践教学

当今,攻读涉农专业的学生一般来自城镇,即便来自农村,也是很少参与农业生产,对农学专业的特色优势、主干课程及就业去向了解不够。为了让农学专业学生从进校充分认识本专业的基本内容,农学专业在大一新生刚入校的实践教学中加入了专业认知实践教学环节。在正式上课的第一周,系主任与专任教师介绍本专业相关内容,邀请专家人才、杰出校友介绍学习本专业成功的经验,将学生集中带出去参观大型农场、企业及兄弟院校考察学习,增强对本专业学习的积极性。

二、社会实践教学

由于农学专业本科生从课堂与书本上获取的理论知识较多,生产实践的感性认识相对较少。因此,高等农业院校农业专业应在实践教育教学中加入了解性的内容,包括了解农村、作物及其生产环节。

1. 了解农村

暑期正是作物生长的季节,高等农业院校农学专业组织学生深入农村、企业与农场参加三下乡社会实践活动,深入农村主要考察调研农业生产状况,深入企业与农场参与作物生育期的田间管理,这样可进一步了解我国农业发展状况、农村地貌和农民生活水平,最后通过撰写社会实践总结报告而进一步了解农村。高等农业院校农学专业学生通过参加三下乡社会实践,不但可以了解农村地形地貌,而且可以了解农民生活状况,使学生对农村有更加深入的认识,有利于增强学生的责任感。通过了解农村,让学生进一步认识我国农业、农村和农民对科学技术的迫切需求,增强学生一定要努力学习、服务三农的意识。

2. 了解作物

近年来,因国家对农业扶持力度的加大,农学专业招生生源逐渐变好,城镇生源比重不断提高,即便是来自农村的学生,对农业生产实践参与度较低。部分学生认识作物不够,甚至五谷不分。为了解决这方面的不足,必须增强农学专业学生对作物的感性认知,利用社会实践,参观植物园、农场,认识粮食类、油料类、饲料绿肥类、薯芋类、纤维类、嗜好料类等作物,同时通过亲身参与或者观摩考察,了解作物生育期内的田间管理,从而增强学生对作物生产的感性认识,为此后专业课学习及毕业实习打好基础。

3. 了解作物生产环节

为了加深农学专业学生对作物种植模式、作物布局的基本原理、手段和方法,作物生长发育动态、农业资源利用等理论知识的深入理解,学生可利用暑期社会实践,进一步验证课堂讲授中,老师用语言描述的各种生产状况,为了实现农业资源高效利用及可持续发展所采用的典型种植模式及资源投入状况,进一步了解间作套种为什么能增产及轮作倒茬为什么可平衡土壤养分。通过课堂理论讲授与田间实物的结合,进一步加深对各农艺措施原理的理解。

三、科研性实践教学

农学专业学生自第 6 学期起,在老师的指导下参与科研训练。学生可根据自己的兴趣、就业动向酌情选择作物遗传与育种或者作物栽培与耕作方面的指导老师初步选题,确定试验方案,拟定毕业论文的题目。学生通过试验区调研及查阅文献资料,深入了解本研究领域的国内外现状,学生可围绕导师的研究课题,提出研究目标、撰写研究内容与拟解决的关键问题、履行科学研究所采用适宜的研究方法等,并绘制技术路线图、敲定试验方案,在导师的引领下,按照确定的试验方案独立完成科学研究。在试验履行过程中,学生参与田间小区设计、播种、田间管理、数据采集等。试验结束后,学生严格按照学校本科学位论文的要求撰写学位论文,提高学生的写作能力,为今后继续深造或者就业鉴定基础。

四、生产性实践教学

生产性实践教学就是让学生亲自参加农业生产第一线,了解、熟悉作物生长动态及田间管理,知悉采用的种植模式及农艺措施。农学专业与其他学科专业不同,其研究对象是作物,作物生长周期长,安排学生生产实习只能在作物生长季内,因此,将学生的毕业生产实习时间定为作物的一个生长周期是最为理想,这样就可以完整的参与作物整个生产周期的实习过程。因此,高等农业院校农学专业应根据区域农业生产特点,合理编制教学大纲,调配生产实习时间。

第七章　新农科背景下农业工程学科建设路径

第一节　新农科背景下农业工程学科具体建设路径

一、理解新农科内涵,找准专业定位

新农科建设要坚持面向新农业、面向新乡村、面向新农民、面向新生态,要推动我国由农业大国向农业强国迈进。专业要重新审视自己的专业定位,专业定位要更加凸显立足于区域发展,突出服务地方的宗旨,充分考虑地区的资源优势和生态优势。农业工程专业的建设要顺应地方政府提出的大生态、大旅游、大扶贫战略、生态文明城市建设发展和乡村振兴对相关应用型人才的现实需求,以培养主动适应区域经济社会发展的需要,在农业工程学科领域专业基础较为扎实、专业口径较为宽广、专业应用性较为突出,具备较强学习能力、实践能力、创新能力、交流能力、社会适应能力的应用型高级专门人才为目标。

二、融入行业元素,修订人才培养方案

农业工程专业人才培养方案在制定的过程中,充分对接社会需求,融入行业企业元素。一方面,专业带头人及相关教师深入行业企业进行调研,了解行业企业对农业工程人才的具体需求;另一方面,聘请相关的行业企业专家参与农业工程专业人才培养方案的研讨与论证。在人才培养方案中,各类课程模块相互贯通,构建通识教育与专业教育相结合,理论教学与实践教学相结合,第一课堂与第二课堂相结合,传统教育与创新创业教育相结合,知识积淀与情怀养成相结合的人才培养模式。

三、依托学科团队优势,夯实专业内涵

佳木斯大学农业工程学科为省级重点学科,农业机械化工程团队为省级一流专业、黄大年式教学团队,整合和发挥学科团队的资源,注重多学科之间的交

又融合,注重通识教育与专业教育的协调发展,将生物学、农学、机械学、电气学等学科的基本理论、知识和方法融入专业课程中,加强基本技能的训练,不断夯实专业基础,提升专业内涵。

四、借力区域发展,筑牢专业基础

农业工程专业人才培养方案在制定的过程中,充分对接"大数据、大生态、大扶贫"战略,融入行业企业元素并将其贯穿人才培养全过程,从大学低年级开始就让学生进入企业学习实践,设置分阶段的农业工程综合实训、毕业实习和毕业设计,提供机会让学生在校期间就可以参与到本地城市建设和新农村发展的实际规划设计当中,让学生在实际案例中锻炼和提高专业技能,筑牢专业基础。

五、注重改革创新,助推专业发展

农业工程专业将校内校外实践基地、第一课堂和第二课堂无缝对接,提供学生更多自主学习的路径,提高学生的专业兴趣,将"互联网+"创新大赛、"TRIZ 创新大赛""智能农业装备大赛"等竞赛及大学生创新创业项目纳入创新学分,激发学生的学习兴趣和家国情怀,推动了专业的良好发展。

六、制定政策措施,加强双师型教师队伍建设

对现有农业工程学科师资队伍实行"引进与培养并举"的整体发展思路。一方面,积极引进具有丰富工作经验或学术理论水平较高的高层次人才;另一方面,通过政策引导,鼓励在职教师进行学历提升。对新引进的教师实行导师制,实行"老带新"制度,确保每位新进教师都有专门的、经验丰富、学术能力强、师德师风过硬的老教师进行一对一帮扶。同时,不断加强中青年教师队伍的建设,加强中青年教师到农业工程行业及相关企业进行实际挂职锻炼的制度,鼓励在职教师进行学历提升、到企业交流学习、出国访学及参加相关学术性会议、加入专业协会。同时,聘请相关农业工程专业高级工程师和行业企业专家作为客座教授,给予一定的激励措施,促进双师型教师队伍的建设。

第二节　新农科背景下农业工程学科人才培养模型构建

对标新农科建设要求,突出一个"农"字特色,基于跨界视域的人才培养要把握好三点:首先是与产业相匹配的三类型人才的分型:创新型、复合型、应用型,

使其形成较好的知识体系。其次是与产业匹配的实践能力的培养。最后是优化培养层次,从长远发展角度解决人才短缺问题,保障供给源源不断。通过文献分析、国内外对比研究,本研究从知识、实践、思想、时空维度层面构建了"新农人"人培养模型(图7-1)。

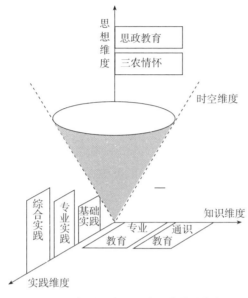

图7-1　跨界视域下人才培养模式架构

一、知识维度

知识维度主要包括横向"跨学科""跨专业",使不同专业知识和通识知识交融渗透,弥合专业教育与通识教育衔接处的裂缝,延伸旧领域广度,在交叉领域做出突破;纵向跨年级、贯通本硕博通道,挖掘专业能力的纵向深度,从而使学生对农业的生产过程、人类社会发展、农村社会和农村产业之间关系做到大体掌握。

在内容上做好继承和创新,在传统专业建设的基础上,调整淘汰不能适应农业产业发展和社会需求变化的老旧专业,用生物技术、信息技术、工程技术等现代科学技术改造升级现有涉农专业,参照教育部将出台的《新农科人才培养引导性专业目录》,在智能农业、农业大数据、休闲农业、森林康养、生态修复等新产业新业态亟须的新专业上做好布局。

在形式上形成分层分类培养格局,其底层是大类培养,中间是专业培养,上层是专业与通识培养形成的多样化发展模块。其中,专业培养分型方向与通识培养交融形成高阶模块,引导人才向高精尖水平攀登。通过对农业人才的大口径、大类培养来促进人才知识的优化,使其到生产一线促进农业本身的转型升级。

二、实践维度

要让农业教育回归"三农",夯实激发和培养学生跨界能力的基础,就要使学生不仅能学到交叉知识,更能运用交叉知识,实现从科学知识型向科学知识使用技能型转化。因此,除了知识层面的交叉融合,更需要理论知识在实践运用中的体现出交叉性。

农业教育具有很强的实践性和季节性,要大力实施学校场站、试验站等"高地"的教学功能提升工程,探索农业类区域性共建共享基地,增强其综合性实践服务能力,一方面按照"一年级基础实践、二三年级专业实践、四年级综合实践"的培养程序,拉长专业培养的全产业链,提升专业人才的实操技能,使跨界培养始终贯穿于专业教育教学全过程;另一方面,发起全国农业高校实践平台共享,运用好实践教学平台和基地做好更多通识人才的跨界体验教育,使学生拓宽视野(图7-2)。

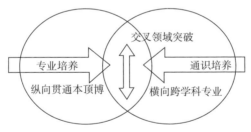

图7-2 知识维度架构分解

三、思想维度

新农科建设要成为世界高等农业教育的"中国方案"、新典范,就必须根植于中国大地本土文化,有主动融入本土文化的意识,打上中国特色的烙印。新农科人才培养就是要认真落实"立德树人"这一根本任务,履行好服务保障国家粮食安全、人类健康、生态文明、乡村振兴的学科使命。因此,区别于其他学科,农业高校学生必须具备"三农情怀",这也是"新农人"特有的品格。

在思想上,一方面,要讲党性,从思想上认同,在实践中践行,从农民的角度出发,以农民的期盼、农民的需求作为努力方向,自觉站稳人民立场这个根本政治立场;另一方面,要讲情怀,必须带着感情、饱含热情、充满激情去学农业、干农业、服务农业,做到熟悉"三农"、心系"三农"、热爱"三农"。

四、时空维度

市场是瞬息万变的,教育又具有时滞性,农业产业的融合和信息化在大学中远没有产业界变化快,很多农业产业领域的发展已经走在了农业教育的前面。从产业发展推动高等农业教育的角度来说,新农科具有无限衍生性,在经济社会新模式、新业态的不断产生和发展变化的情况下,新农科人才培养的轨迹也应当呈现动态加速的过程,才能逐渐缩小与产业需求的差距。

因此,跨界人才培养模式必须加入时空维度的考量,即对"跨"的速度提出要求,是一个动态模式。新农科建设人才培养模式要像一辆行进的列车,不能让列车停下来、卸掉旧东西装上新东西,而要以小步快跑的节奏在行进中不断完成自身变革,在既有人才培养通道之外,开辟一条与产业发展方向平行互通的新通道,加速追赶产业发展,与之并驾齐驱。

此外,对于人才培养这样复杂的模型,通常难以一举设计出合适的架构,必须经历不断探索的阶段。因此,架构分解是必不可少的关键步骤(图7-3),跨界视域下人才培养模式架构分解过程是一个迭代更新的过程。对标新农科人才培养目标,要从知识、实践、思维、时空维度进行迭代分解、不断演化,使每个维度的具体内容随着分解的逐步推进,实现从无到有、从有到优、从旧到新、从模糊到清晰,一步步精细化、丰富。同时,下一维度的分解除了识别出新的架构元素,还要对先前的架构元素做出调整。

图7-3　跨界视域下人才培养模式架构分解过程

第三节　新农科背景下地方院校学科建设的实践案例

一、青岛农业大学新农科学科建设的实践探索

青岛农业大学作为山东省属、驻青岛的地方农业院校，近年来，紧密对接山东"十强"产业中的高效农业、青岛市"956"现代产业体系和乡村振兴战略，积极开展新农科专业调研，开设了设施农业科学与工程专业、葡萄与葡萄酒工程专业、风景园林专业、水生动物医学等新农科专业。2019年在全国率先增设了农业科学目录外专业，进一步壮大了服务农业"新六产"的人才培养体系。目前正结合2019版人才培养方案的修订，对农科专业的课程体系和课程内容、人才培养目标进行改革，以更好地适应新农科发展带来的变化和要求。

1. 改造传统农科专业，打造新农科专业

2018年山东省被确立为"新旧动能综合转换示范区"，制订了《山东新旧动能转换综合试验区建设总体方案》，提出发展"十强"产业，培育形成新动能的建设规划。面对新形势，学校紧密对接"十强"产业中的现代高效农业、智慧海洋产业和精品旅游产业，瞄准乡村振兴战略和蓝色海洋战略需求，按照"产业智慧化、智慧产业化、跨界融合化、品牌高端化"新旧动能转换的总要求，加快改造了传统农科专业，实现了传统农科专业的改造升级。积极打造了农业技术与现代生命科学技术、信息技术、人工智能技术、新能源新材料技术、现代金融技术和社会学等多学科交叉融合发展为特征的新农科专业。对农学、种子科学与工程、植物科学与技术、园艺、设施农业科学与工程、植物保护、烟草、茶学、园林、林学、农业资源与环境、动物医学、动物科学等农科专业进行改造，重构了人才培养体系和多学科交叉融合的课程体系，使学生在传统的农科知识结构体系中融入现代生命科学、信息化、网络化、智能化和管理学等领域知识体系，以更好地实现传统农科专业人才培养对现代农业发展的适应性，更好地服务于产业转型和现代高效农业发展。

2. 设置交叉学科培养方向，实施模块化培养

面向农业、农村、农民，青岛农业大学对接新技术、新产业、新业态和新模式，发挥学校学科门类齐全之优势，沿着学科专业文交叉融合的发展路径，着力推进了现代农业育种、智慧农业、生态农业等新内涵建设，以"绿色智慧农业"为中心，加强了设施农业、健康农业、数字农业、污染调控、垂直农业、航天农业、农业新能

源与新材料等交叉培养方向的建设,在传统农科专业的基础上设置新农科的培养方向。

3.改造涉农专业,促进涉农专业改造升级

新农科建设需要多种途径加大涉农专业的改造升级。青岛农业大学根据学校实际,重点做好了以下涉农专业的改造升级。

一是结合现代农场、家庭农场和农民合作社等新型农业经营主体的发展,进一步加强了专业交叉与融合,依托经济与金融专业,增设了合作社经济、农业合作经营、农产品电商、农旅文化等专业或专业方向;依托电子商务专业增设了现代农产品电商,在传统专业课程体系的基础上,调整和优化了课程体系,增加了现代农场管理、现代农产品经营、物联网农业、现代农业概论、现代农产品概论等相关课程,较好地打造了经济与金融专业、电子商务专业的"亲农"特色。

二是对接现代海洋产业,增设了涉海新专业或专业方向。依托青岛独特的海洋资源优势和"海上粮仓"、国家海洋牧场示范区建设战略,促进涉海专业与旅游业和医养健康业的跨界融合发展,延伸现代海洋产业链条,在做好海洋资源与环境、水产养殖学、水族科学与技术、水生动物医学等传统涉海专业升级改造的基础上,拟进一步增设休闲渔业、观赏鱼专业、海洋生物医药或海洋生物制品专业或专业方向。

4.重点打造新农科专业生长点

青岛农业大学精准对接山东省"十强"产业中的现代高效农业,依托传统的农科专业,重点打造了现代精准农业专业和智慧设施农业专业等新农科专业。突出学科专业交叉融合理念,建设了新农科专业人才培养方案。建立了基于大数据为基础的学科专业课程动态调整机制,结合区域经济结构调整、产业转型升级及产业行业需求的具体情况,调整优化了专业课程体系。对原有的农学专业和设施农业科学与工程的课程体系进行改造,删减了一些落后专业理论和技术课程,精简压缩了一些基础理论性较强的课程,淘汰了与新农科人才培养契合度不高的课程,增设了农业与大数据、云计算、物联网等信息技术和人工智能技术融合发展的专业核心特色课程,积极打造新农科专业课程体系。如智慧农业专业重点增设"现代精准农业工程导论""精准农业产品规划与经营管理技术""农业大数据采集和分析应用技术""精准农业平台管理和运营技术";智慧设施农业专业增设"智慧设施农业工程""农业大数据采集和分析应用""设施智能化控制技术和应用""现代设施农业产品规划与经营管理技术等课程"等,使专业核心课程重点适应现代农业的新农科专业特色。基于学科专业交叉融合理念,重点培

育了国家乡村振兴战略急需的智慧设施农业卓越人才、大田精准农业卓越人才和休闲观光农业卓越人才等。

二、江西农业大学新农科学科建设的实践探索

作为一所以农为优势、以生物技术为特色的地方农业院校,江西农业大学(以下简称"江西农大")多年来对接江西省现代农业产业体系和乡村振兴、脱贫攻坚、生态文明建设重大战略,面向国家和地方经济社会主战场,布局适应新产业、新业态的发展需要的学科专业体系,探索人才培养模式改革,培养适应农业农村现代化建设的农业高层次人才,提升科技转化和社会服务能力,在农业农村发展中发挥着重要作用。

1. 优化学科专业结构,强化新农科内涵建设

江西农大坚持"结构优化、重点引领、创新驱动、特色发展"的发展思路,强化学科建设顶层设计,着力推进学科专业布局优化调整和学科内涵建设。

(1)实施学科专业动态调整

江西农大出台了学科专业动态调整办法,构建并完善学科专业预警与退出的动态调整机制,满足新农科学科专业建设需要,实施学科专业动态调整。近几年新增了生物工程、化学、机械等理工科硕士学位授权点,撤销科学技术哲学、资产评估等硕士学位授权点,对学科专业结构进行优化升级,夯实农理、农工交叉融合的学科基础;新增了数据科学与大数据技术、数字媒体技术、材料化学等现代产业急需专业,撤销劳动与社会保障、音乐表演等 10 个不能满足新农科建设和农业产业发展需求的老旧专业,不断增强学科专业建设的社会适应性。

(2)统筹学位点培育建设

围绕国家和区域农业农村发展需求,结合学校办学特色,编制学位点培育建设《三年行动计划(2018—2020)》,明确博士点、硕士点培育建设重点,通过江西省"双一流"学科群覆盖建设,保障学校资源的优先配置。在现有的一级学科博士点下,自主增设"畜产品安全生产与加工工程""风景园林历史理论与规划设计""森林植物资源开发与利用"等二级学科博士点,加强一级学科博士学位授权点培育,力争园艺学、植物保护等农科学科和农业工程、生物工程、食品科学与工程、风景园林学等工科学科在 2020 年申报中升级为一级学科博士点,持续优化以农为主、农理、农工、农文相互支撑、交叉融合的学科结构布局。

(3)强化学科专业一体化管理

相比部属院校及综合性大学,地方农业院校限于行业性和地方性,获取办学

资源能力较弱,学校办学资源十分有限。江西农业大学根据新农科学科交叉融合的需求,跨学院进行了学科和专业融合优化、学科专业的一体化管理。对教育学一级学科硕士点、生物化学与分子生物学、生物物理学、教育经济与管理等二级学科硕士点、教育硕士、农业工程与信息技术领域(农业硕士)进行学科管理归属调整,优化调整高等数学、代数与几何、概率与统计、应用数学、物理等教研室,对"环境科学"与"环境工程"进行资源整合,增设"环境科学与工程"专业,学科经费、队伍、平台等资源得到进一步汇聚,学科整体实力得以增强。

2. 实施学科分类建设,提升新农科学科水平

江西农大按照"突出重点、优化结构、分类指导、错位发展"的建设思路,适应新农科学科建设的要求,按照"农业学科争一流、理工学科上水平、人文社科创特色"的建设目标,探索实施"四位一体"的学科建设提升计划。

(1)优势学科提升计划

农科是农业院校的立校之本。江西农大努力克服地方农业院校办学的不利因素,强化有限资源优化整合,协同推进畜牧学、作物学、林学、农业资源与环境、兽医学和农业经济管理等优势学科建设。经过多年的建设,特别是依托十二五、十三五时期江西省重点学科建设,若干研究领域已处于国内领先水平,优势学科整体竞争力和影响力得到大幅提升。以江西省一流学科建设为例,江西农大畜牧学、作物学、林学、农业资源与环境等学科成功入选江西省"双一流"建设项目,获批建设经费近4亿元。江西农大在4个一流学科(群)探索实施"学科特区",制定专门的高层次人才引进、研究生国际合作培养、招生录取激励等政策,加强对省一流学科建设的激励与管理。近几年,江西农大依托4个省一流学科建设,组建了适应现代农业产业发展的省一流学科群,辐射带动学校相关学科专业整体发展取得显著成效。植物与动物科学、农业科学两个学科进入ESI全球排名前1%,实现历史性突破;新增3个一级学科博士点,特别是农业经济管理获批博士学位授权点,实现了文科类博士点零的突破,同时新增林学、农业经济管理2个博士后科研流动站,学校的学科专业整体实力得到了明显提升。

(2)特色学科振兴计划

遵循学科发展和建设规律,对学科专业布局进行优化调整,破除学科发展的瓶颈,整合资源强化优势,下大力气推进生物学、生物工程、生态学等学科的建设,提升特色学科的整体水平和竞争力。加大对农业资源与环境、兽医学、农业经济管理、农业工程、园艺学、植物保护、食品科学与工程等学科的建设投入。经过多年的建设,农业资源与环境、兽医学、农业经济管理等学科特色更加鲜明、学科水平得到大幅提升,并于 2018 年成功获批博士学位授权点,农业工程、园艺学、植物保护、食品科学与工程等学科正积极筹备 2020 年博士学位授权点申报,有望实现农、工科博士点更多新的突破。

（3）基础学科培育计划

江西农大适应新农科学科建设的发展方向,促进基础学科与优势学科的交叉、渗透和融合,培育具有发展潜力和应用前景的新兴应用交叉学科,加强以化学、生物学、数学、物理学为核心的理学学科,以生物工程、计算机科学与技术为代表的工学学科,以公共管理、工商管理为依托的管理学科的基础地位,使这些学科成为农科等主干学科发展的有力支撑。近几年,江西农大加快对传统农科的改造升级,促进农理、农工、农文的互相支撑交叉融合,打造了生物信息学、畜牧机械、畜产品加工、农业环境工程、畜牧经济等在行业内颇具影响力的交叉学科,产生了一系列重要科研成果。江西农大下阶段将重点在传统农科基础上,交叉融合生物技术和信息技术,加快推动传统农科的升级改造。

（4）人文学科繁荣计划

江西农大加大经济学、法学、管理学、教育学等人文学科的建设力度,结合学校发展特色与其他传统学科进行交叉,构建了以"三农问题"研究为核心,形成自然科学与人文社会科学相互支持、相辅相成的学科体系,促进"人文农业"和"科技农业"双轮驱动,提升学校人文社科研究的核心竞争力和影响力。特别是近几年,江西农大围绕农业农村现代化发展领域的重大问题开展智库研究,倾力打造在决策咨询、社会服务、科学研究方面具有特色鲜明、影响广泛的高端智库,为江西省委省政府大力实施乡村振兴战略、建设现代农业强省提供智力支持和决策参考。

3. 创新人才培养模式,提升新农科人才质量

江西农大把学科建设的直接产出与培养新农科人才质量挂钩,按照"夯实基础、知识融合、分类培养、强化实践"的培养思路,创新人才培养模式。

（1）探索构建"本硕博"贯通人才培养模式

江西农大探索"研究生推免"和"硕博连读"选拔机制的有效衔接,出台了"本硕博"贯通培养研究生招生办法,从推免生中选拔优秀生源,按硕博连读研究生进行培养,从而实现招生、培养方案、课程体系、导师培养、运行模式的本硕博贯通培养,构建了"3+1+2+3"培养模式。

一是本科阶段按照"3+1"模式培养。前三学年为本科阶段学习,第四学年通过申请选拔获得本硕博贯通培养研究生资格,提前选修硕士研究生课程并参与导师的科研项目,并完成本科阶段的学业要求顺利毕业,获取学士学位。

二是研究生阶段按照"2+3"模式培养。硕士 2 年、博士 3 年。硕博连读硕士阶段入学第一、二学年注册为硕士生学籍,按硕士研究生管理;在硕士研究生的第三学期,研究生参加学校当年硕博连读选拔考核,由学院对其研究生阶段的学习、科研情况进行考核,考核通过者,以硕博连读方式录取的博士生上报教育部,从第三学年开始注册博士生一年级学籍,按博士研究生管理;考核不通过者,按照硕士研究生标准继续培养和管理。

三是学校对确定录取为本硕博贯通培养的学生提前选修的相关学分进行认定,实现本科、硕士、博士学习衔接。学校根据教育部下达的推免生和博士生招生计划,综合博士学科点招生、培养等情况,确定各学院选拔推免生、硕博连读研究生名额,适度向惟义实验班、国家一流专业和省一流专业的本科生倾斜。录取为"本硕博"贯通培养的研究生,享受硕士推免生的新生奖学金政策,并可在同等条件下优先享受研究生各类奖学金。

(2)探索实施"惟义实验班"人才培养改革试点

依托江西省一流学科和国家一流专业建设点,在农学、林学、动物科学、农业资源与环境、生物工程和食品科学六个专业,设立了"惟义实验班"。惟义实验班按照重基础、宽口径、提能力、强素质要求,设立实验班专用教室,实行小班教学,由资深教授负责实验班教学,配备教授或博士生导师担任班主任,全程实施本科生导师制,培养学生的创新创业、科学研究能力,具备开阔国际视野和核心竞争力的一流创新型拔尖人才。实验班实行"分流管理",每学期末对学生的品德素养、学业成绩及自主学习、组织管理、实践创新等能力进行综合考核,考核不合格的学生分流到普通专业班学习。完成实验班教学计划的优秀毕业生可直接申请免推攻读国内"双一流"院校和科研院所的研究生。自"惟义实验班"实施以来,江西农大培养了一大批高素质拔尖人才。以惟义农学 1601 班为例,全班 23 位同学,四级通过率为 100%,六级通过率为 73.91%,学年内专业成绩达优率(高于 80分)95.83%,升学率为 95.65%,就业率为 100%。

(3)创新校地校企联合培养协同育人培养模式

江西共产主义劳动大学(江西农业大学前身)早在 1958 年根据"半工半读"的教育思想,实施学生半工半读、勤工俭学、注重实践、社来社去,积淀形成了"注重教学实践、科研实践、生产实践,以科研实践见长,重在培养学生实践能力为主"的育人特色。江西农大坚持实践教学与理论教学并重,积极开展与企业、行业等机构的合作办学,构建了多学科交叉融合的创新应用型人才培养模式和校地校企合作、产教融合的多主体协同育人模式。目前,与江西农大签订合作协议机构总数达 56 个,其中学术机构 34 个、行业机构和企业 14 个、地方政府 8 个,建设了各级各类实践基地近 400 个,形成了校地校企多主体协同育人特色。

(4)探索推动优质课程体系改革

优质课程建设是提升教学质量的重要举措。江西农业大学布局新农科课程体系,出台优质课程建设的系列管理办法。一是实施课程思政改革。江西农大将课程思政纳入本科教育改革的重要内容,推动校领导上思政课常态化,推进思想政治课教学内容、方法、团队与资源的系统改革,开展专业课程思政和通识课程思政改革试点工作。二是加强通识课程建设。适度增加通识课程的开设门数和门次,提高通识选修课的质量,促进通识教育和专业教育的融合,培养学生的批判性、创造性思维和自主学习能力。三是实行差异化培养。对研究生课程体系进行优化,实行学术学位和专业学位研究生差异化培养,坚持学术型研究生创新能力培养、专业型研究生职业能力培养为目标,学术型研究生加强学科前沿类课程、专业型研究生加强实践类课程为导向的课程体系优化建设。江西农大近三年建设国家精品视频公开课 1 门,江西省研究生优质课程 12 门,省级精品课程 17 门,省级精品在线开放课程 21 门,省级精品资源共享课 23 门,省级虚拟仿真实验教学项目 3 门,组织推荐 5 门课程申报国家级一流课程认定,建有 200 多门校级在线开放课程。

4.助力乡村振兴战略,服务地方经济社会发展

服务地方经济、推动协同发展,既是学校的社会职责,也是高校事业可持续发展的战略选择。江西农大秉承"扎根江西、服务华东、面向三农、发挥优势"的服务定位,发挥学校科技、人才和平台优势,在服务乡村振兴、脱贫攻坚和生态文明建设中,构建了颇具地方特色和影响的"江农模式"。

(1)实施"一村一名大学生工程"

江西农大依托学科专业优势,在全省率先启动"一村一名大学生工程",实施"新型职业农民培养计划",得到了中央农办、农业农村部及社会各界的高度肯定。江西农业大学自 2012 年起实施"一村一名大学生工程",采取"不离乡土、不误农时、工学结合、因需施教、分段集中、统一培养"的学习形式,探索构建了"四四五二"的人才培养模式。即以"学得好、用得上、留得住、带得动"为培养目标,以"加减乘除"的"四项法则"为培养特色,实施"精设专业、精开课程、精编教材、精建基地、精心服务",坚持"两个延伸"服务学员创业,打造了新型职业农民培养的"江西样板"。江西农大还探索实施了"一村一大工程"专业硕士研究生培养专项,实现"一村一大"专、本、硕多层次、连贯式培养模式,培养更高层次的新型乡土实用人才,保障农业产业升级对人才的需求。截至目前,江西农大共招收培养 17506 名学员,其中专科学员 11494 名,本科学员 6012 名,基本实现了江西省每个行政村都有一名农民大学生的目标。毕业学员 95% 以上扎根在农村生产、管理一线,成为江西农村基层组织的顶梁柱、现代农业的引领者、群众致富的新希望,为我省乡村振兴战略、夯实农村基层党建、打赢脱贫攻坚战、生态文明建设,提供了坚实的人力资源保障。

(2)实施"科技特派团工程"

江西农大通过"组团式、契约式、协同式"推进高校产学研政企有效结合创建的"江西农业大学科技特派团 6161 科技精准扶贫模式",在助力江西脱贫攻坚和乡村振兴发展中发挥着重要作用。该模式通过"一个科技特派团、服务一个县域支柱产业、建立一个产业示范基地、培育一批乡土产业人才、协同完成一个重大科技项目、带动一方群众脱贫致富""一个科技特派员、蹲点一个村、对接一个地方企业、推广一项实用技术、上好一堂培训课、带领一些贫困户脱贫"来实施,效果显著。学校先后派出 4 批次 231 位专家担任科技特派员,在全省 11 个地市 90 多个县(市、区)开展多种形式的科技服务和精准扶贫工作,覆盖了江西省 25 个贫困县,与 450 多个农业龙头企业建立了科技合作关系,探索出一套以项目、人才对接产业的精准帮扶模式。

(3)实施"科技小院"模式

江西农大创新升级科技服务地方经济建设的新模式,在江西省实施的首批 7 个科技小院建设,分别在上高、安远、广昌、修水、彭泽、吉安、章贡等县(区)建立了水稻、蜜蜂、白莲、宁红茶、虾蟹、井冈蜜柚、食用菌 7 个科技小院,为适应科技扶贫工作需要,组建了 7 个专家服务团,按照"围绕一个产业需求、安排一个办公场地、入驻一个指导老师、带领一批研究生、解决一些关键科技问题、带动一方产业发展"的建设思路,大力推进科技小院建设,为地方经济建设和产业振兴发展做出积极贡献。

(4)打造重点高端智库

江西农大依托自身学科专业优势、科技创新平台优势和人才总量优势,以及北京大学新农村发展研究院的拔尖人才及技术优势,联合组建了江西省乡村振兴战略研究院,围绕农业农村现代化发展、产业兴旺与食物安全、生态宜居与乡村治理等领域重大问题开展智库研究,为江西省委省政府大力实施乡村振兴战略、建设现代农业强省提供智力支持和决策参考,为全国实施乡村振兴提供"江西方案"、贡献"江西智慧"。目前,研究成果获省部级及以上领导批示20余项,地方政府采纳10余项。研究院现有专兼职研究员20人,其中发展中国家科学院院士1人,"长江学者"特聘教授1人,"国家杰出青年基金"获得者1人,"国家优秀青年基金"获得者2人,江西现代农业技术体系首席专家1人、经济岗位专家6人,已成为江西省新型智库建设委员会重点建设智库,在决策咨询、社会服务、科学研究方面特色鲜明,影响广泛。

三、东北农业大学新农科学科建设的实践探索

黑龙江省位于祖国东北部,面积47.3万平方公里,常住人口3800万,是中国最大的商品粮生产基地,2019年粮食播种面积高达1433.8万公顷,粮食产量高达7503万吨,占全国粮食总产量的11.3%,居全国之首。多年来,黑龙江省担负着中国粮食安全压舱石的重任,为国家粮食安全做出了重要贡献。东北农业大学作为国家世界一流学科和黑龙江省高水平大学建设高校,长期以来,主动服务国家重大战略需求,在农业农村发展中,发挥着重要作用。自新农科建设提出以来,学校不断深化体制机制改革,以一流本科建设为抓手,以实施卓越农业新人才培养为契机,优化专业结构,推进学科交叉融合,不断加强农业人才供给侧结构性改革,努力构建"本研衔接""交叉渗透""科教协同""产教融合"的多样化人才培养模式。

1.落实立德树人根本任务,构建"三全"育人格局

习近平总书记在回信中指出涉农高校要"以立德树人为根本,以强农兴农为己任,培养更多知农爱农新型人才"。东北农业大学牢记总书记嘱托,坚持以立德树人为根本,坚持社会主义办学方向,始终遵循高等教育发展规律、现代农业发展规律和人才培养规律,不断探索铸魂育人工作格局,努力培养理想信念坚定的,服务脱贫攻坚、乡村振兴、生态文明、美丽中国等国家重大战略的拔尖创新、复合应用和实用技能型人才。通过推进课程思政建设,将立德树人贯彻到高校课堂教学全过程、全方位、全员之中,东北农业大学于2018年在黑龙江省率先制定了《课程思政建设实施方案》,在专业教育体系中开展了课程思政改革探索,建设了36个融入思政元素、具有农业特色的课程思政项目,用习近平新时代中国特色社会主义思想铸魂育人,把思想政治教育贯穿人才培养全过程。两年多来,通过举办主题展览、经验交流、主讲教师说课视频展播等活动,采取"金课大讲堂"、示范教学等有效举措,积极构建了"三全"育人的良好格局。同时,着力构建东农特色的大学文化,充分挖掘校史教化育人的作用,通过弘扬后稷农耕文化,

开展"弘扬爱国奋斗精神建功立业新时代"等"三下乡"主题实践活动,引导学生端正学农、爱农思想,使学生在学习实践中坚定了服务国家现代化农业发展的信念。

2.优化专业学科体系,营造协调发展的育人生态

专业建设是高校开展人才培养的前提基础和条件保障,新农科建设学科与专业要相互支撑、协调发展。农业类院校要围绕国家和区域农业农村发展需求,结合自身特色,合理布局特色专业建设点,形成以点连线,以线带面的发展趋势,从而促进全校专业改革与发展。东北农业大学坚持"教研结合,以研促教",进一步加强学科专业一体化建设,实现学科和专业的同向提质、协同并进,构建适合学生全面成长的学科生态和特色专业。

一是围绕黑龙江省农业产业链,建设具有东北农业大学特色的重点专业群围绕黑龙江十大产业中的五大产业,东北农业大学整合了37个优势专业,包括10个国家级特色专业、17个省级重点专业,依托人才培养模式创新实验区、教学团队、实验中心与实习基地建设,构建了重点专业群。一是依托生物农业产业构建生物技术专业群,培养生物农业和生物制造等各类人才;二是依托种植业、"千亿斤粮食产能工程"构建植物生产专业群,培养创新型种植业等各类人才;三是依托畜牧产业构建动物生产专业群,培养动物生产各方向领域及动物疾病防治等各类人才;四是依托绿色食品产业构建农畜产品储运加工专业群,培养农产品深加工及食品安全等各类人才;五是依托新能源装备制造产业及新型农机装备制造产业构建农业工程专业群,培养新能源发展及新型农业机械装备等各类人才;六是依托农业生态产业构建农业资源与环境专业群,培养农业资源利用与环境保护等各类专业人才;七是围绕服务于整个农业发展和新农村建设构建经济管理专业群,培养农业经营及管理等各类人才。通过专业群间的有机衔接,大力培养服务于现代农业产业需要的精英人才。另外,东北农业大学建立专业动态调整机制,近三年新增化学生物学、土地整治工程、应用气象学3个现代产业急需专业,同时撤销农村区域发展、信息管理与信息系统2个专业,停招电子信息管理、旅游管理2个专业,调整淘汰了不能适应农业产业发展和社会需求变化的老旧专业。2019年,18个专业入选省级一流专业建设点,10个专业入选首批国家级一流本科专业建设点。目前,东北农大根据产业需求,整合资源,正在筹备建立大数据专业,开设农场管理、牧场管理等微专业。

二是回应国家和区域农业农村发展需求,构建具有北方寒地农业特色的一流学科群按照党的十九大关于乡村振兴、农业供给侧结构性改革和种养加一体、农村三产融合发展的决策部署,面向粮食安全和食品安全重大战略和区域重点,立足北方寒地现代化大农业发展,围绕黑龙江省"五大规划"发展战略,东北农业大学推进实施了以北方寒地现代化大农业学科集群为主体,以畜产品生产与加工、农产品生产与加工两大学科群为两翼的"一体两翼"学科发展战略,全力打造动物生产和植物生产两大全产业链条。同时,东北农业大学启动了"高峰——高原——培育"三个层次金字塔型学科梯队建设,明确配置导向,对校内资源进行优化整合,对重点领域、重点环节进行重点投入、重点支持,力争在助力经济社会发展的同时,同步实现学校内涵式发展。按照总体方案,东北农业大学全力推进了五大建设任务和五大改革任务,共设立7大专项、44个子项目,主要用于学科体系建设、人才培养质量、师资队伍建设、科研、文化传承及社会服务、国际交流合作等方面。目前,各大专项正在稳步有序推进,部分项目已经取得良好成效。

三是强化学科对专业的支撑,充分发挥科研对教学的促进作用学科是专业发展的基础。一方面,东北农业大学依托5个学科门类、18个一级学科点,充分利用学科的优势,为7个重点农业专业群37个本科专业建设提供有效支撑,并强化第一、二、三产对应专业间的融合,大力推进学校应用型专业集群建设,为经济社会发展提供了强劲的智力支持。另一方面,东北农业大学出台了本科生导师制、本科生进实验室、本科生参与科研项目等相关政策,积极促进科研成果向教学成果转化。目前,学科团队成员积极承担本科教学任务,在进行本科教学的同时,把学科最新科研成果及自身研究成果传授给学生,培养了大批适应黑龙江省农业产业需要的卓越人才。

3.打造一流精品课程资源,提高课堂教学育人质量

精品课程建设是高校教学质量提升的重要举措。东北农业大学高度重视一流精品课程建设,通过优化课程体系,推进课堂教学方法改革;通过小班化、研究性、互动式教学,改变传统灌输教育和单一考核方式;通过线上线下教学互动、翻转课堂等教学模式,提升学生学习积极性,培养学生学习能力、创新能力、分析问题解决问题能力,进而提高学生的专业素养和综合素质,完善人才知识体系。

(1)精心打造农业类国家级一流课程

东北农业大学积极将学科和专业优势转化为优质课程资源,围绕动物科学、动物医学、农学、园艺、生物科学、生物技术、农业机械化及其自动化、食品科学与工程、土地资源管理、应用化学等国家级一流本科专业建设点和省一流本科专业建设点的核心课程,开展国家级一流课程建设,2020年,学校推荐"建筑材料"等

11 门课程参选国家级和省级一流课程评选,建设了"动物营养学"等 16 门线下课程、"变电工程设计"等 18 门线上线下混合式课程。

(2)大力推进在线开放课程建设

2018 年,东北农大出台在线开放课程管理办法,投入专项建设经费,建设了直播互动教室,现已上线在线开放课程 40 余门,其中国家级课程 1 门,省级课程 13 门。2019 年新立项课程 30 门,4 门课程被推荐参加国家级课程评选,立项建设课程累计超过 100 门。同时,学校每年引进校外优质在线开放课程 120 余门。这些课程将"教与学"同现代信息技术相融合,改变"教与学"的方式,促进课堂教学改革,提高了课堂教学质量。

(3)加快推进通识课程体系建设

素质类课程采取校内教师讲授课程与引进校外在线课程相结合的方式进行,在培育本校优质课程同时,加大引进校外高水平在线开放课程,素质类课程库保持 200~300 门课源,每学期每个子模块设课程 13 门以上,确保线上线下混合式教学得到有效开展。

4. 创新校企联合培养模式,强化校企协同育人

校企协同育人不仅有利于促进产学研三者的高效率结合,而且有利于把学生培养成为能灵活运用课程理论分析并解决各种实际问题的应用型人才。东北农业大学坚持实践教学与理论教学并重,积极开展与企业、行业合作办学,不断提高校企合作协同育人水平。近年来,签订合作协议机构总数达 533 个,其中学术机构 54 个,行业机构和企业 447 个,地方政府 32 个,现有国家级大学生实践教育基地 4 个,农科教合作人才培养基地 4 个,形成了特色鲜明的合作育人模式。例如:生命科学学院与深圳华大基因研究院开展委托培养合作,食品科学与工程专业与飞鹤乳业、万家宝乳业、米旗食品开展合作办学,农业经济管理专业实行"班村共建"合作模式。目前,东北农业大学正积极利用学校优质实践教学平台,建立引进社会资源的激励机制,在部分专业探索实施订单式培养。

5. 深化国际交流与合作,提升中外合作育人水平

加强与国际一流涉农类高校或研究机构交流合作对于开拓拔尖人才国际学术视野,提升农业专业人才国际交流能力具有非常重要的意义。

(1)积极拓展人才培养海外教育基地

目前,东北农大已经与俄罗斯远东地区太平洋国立大学、远东国立技术水产大学开展了中俄合作办学,与美国米勒斯维尔大学、北卡罗来纳大学开展了中美 121 实验班双学位项目,与新西兰梅西大学开展了"3+2"本硕连读(园艺)联合培养项目。东北农大依托中国东北地区与俄罗斯远东和西伯利亚地区大学联盟中方秘书长单位优势,正在组建中俄农业高校教育与科技联盟。2020年东北农大开始实施《中芬人才培养计划》交换生项目,并不断推进与美国及欧洲国家涉农工科双学位培养项目,实现了校际学分互换互认、学位互授联授。

(2)不断加强国际交流与合作

实施了教师国际化培养工程和在校生"履外计划",推动人才培养国际化和农业科技国际化。2017年以来,东北农大与美国农业部建立了"中美乳业生产和加工联合研究中心";同美国佛蒙特大学合作,率先开设了"国际乳品专题概论"课程,实现了中美网上同步教学;与德国马普胶体与界面研究所成立了国际联合实验室;选派优秀师生赴美国、加拿大、俄罗斯等国家访学;与法国国家农业大学、美国爱荷华州立大学、日本北海道大学等科研院所长期保持紧密的科研合作关系。同时,东北农大持续支持青年教师及优秀学生到国外高水平大学进修学习,推动人才培养国际化向更深、更广、更高水平发展。

6.加强优质师资培育,强化教师教书育人能力

师资队伍是高等农业院校学科建设、专业建设、科技成果产出和人才培养的核心因素,是新农科教育发展的核心动能。

(1)推动教师素质能力全面提升

教师是落实立德树人根本任务的责任主体和实施主体,因此师德师风建设必须摆在教师队伍建设的首位。东北农业大学出台了多项政策,通过"强化思想认识、创新师德教育载体,营造宣传氛围、构筑良好育人环境,完善奖惩机制、约束规范教师行为"等举措,形成了健全的师德师风建设长效机制,涌现出一大批师德师风先进集体和个人。

(2)鼓励教师开展教学革新

以各级教学名师、课堂教学质量奖评审为导向,鼓励教师改革教学方法、考核方式,采用项目驱动式教学、案例教学等教学方法,实现以"教为中心"向以"学为中心"转变;将作业设计、科学实验、项目研究、阶段考试、期末考试等纳入考核环节,实现"以知识考核为主"向"知识考核与能力考核并重"转变,为增强教师教学能力提供有力保障。

(3)推进基层教学组织改革

为切实增强基层教学组织活力,东北农大于2014年进行了基层教学单位的调整,以专业或公共基础课为基础建系(室、部),以系为单位组建教学团队,建设65个专业教学团队、14个课程教学团队,实现了系、专业、教学团队"三位一体"。

另外,为进一步加强教学团队管理,陆续出台了《教学团队建设管理办法》《教师课堂教学质量奖评审管理办法》,对教学团队投入建设经费,给予团队负责人岗位津贴,并以教学团队为载体,实行青年教师导师制、新教师助教制和试讲制、集体备课制,较好地调动了教师的积极性和主动性。

四、佳木斯大学新农科学科建设的实践探索

佳木斯大学始建于1947年,1995年经原国家教委批准,由佳木斯医学院、佳木斯工学院、佳木斯师范专科学校和原佳木斯大学四校合并而成。学校占地241.78万平方米,建筑面积57.6万平方米,学校设有24个学院和1个医学部,现有全日制本科生23000余名,博、硕士研究生2100余名,留学生150名,继续教育学生21000余名。固定资产总值14.28亿元,其中教学仪器设备总值3.02亿元,图书馆藏书258.33万册。现有教职工4118名,其中1538人具有高级职称。学校学科专业设置涵盖11大学科门类,现有2个博士学位授权一级学科,14个硕士学位授权一级学科,2个博士后科研流动站和3个博士后科研工作站;拥有3个国家级一流本科专业建设点、3个国家级特色专业、24个省级一流本科专业建设点和1个特色应用型本科示范建设专业集群;有1个省级"头雁"团队和1个省级"双一流"特色学科;拥有1个教育部工程研究中心,5个省级重点实验室,3个省高校重点实验室,2个省高校校企共建研发中心,是黑龙江省重点建设的省属高水平综合性大学,"十三五"期间"国家百所中西部高校基础能力建设工程支持高校"。

农业工程学科始创建于1958年,为原佳木斯农机学院支柱学科。1977年开始招收本科生,2006年开始培养硕士研究生,2010年获得农业工程一级学科硕士点,2013年成为博士授权点支撑学科,2017年获批博士后科研工作站。本学科依托农业机械化与自动化、农业电气化、农业生物环境与能源工程、机械工程学科优势,培养适应三江地区大农业发展的高水平人才。学科目前拥有国家农作物收割机械设备质量监督检验中心1个(联合),省级研究生创新培养示范基地1个,省级重点专业1个,省级实验教学示范中心1个,校级科学研究院1个,校级研究所3个,300亩试验农场1个。现为中国农业机械学会耕作分会理事单位、中国农业工程学会教育委员会理事单位、黑龙江省农业机械学会常务理事单位和黑龙江省农业工程学会理事单位。学科现有成员42人,教授15人,博士占比88.1%。在新农科建设背景下,学科以双一流本科建设为契机,以培养复合应用型农业工程人才培养为目标,依托科研平台,构建了"产——学——研——用"

一体化体系育人体系。

1. 构建"一支柱两支撑"的学科发展新模式

学科地处垦区腹地,以"北大荒精神"为魂,以农业装备产业技术创新战略联盟、国家农作物收割机械设备质量监督检验中心(联合)、省级田间装备重点实验室、博士后科研工作站、协同创新中心等平台为支柱,围绕农业废弃物综合利用与黑土地保护平台、建三江科技成果转化中心两个平台作为支撑。

学科一方面聚焦垦区迫切需求,如围绕秸秆"五化"打造农业废弃物综合处理与土壤保护平台,开展全链条技术和装备研发与推广,率先研发的具有自主知识产权的秸秆打捆智能控制装备,系统功能与智能化程度达到国内领先水平。产品现已在内蒙古华德牧草收获机械有限公司、呼伦贝尔瑞丰牧草收获机械有限公司、黑龙江德沃科技有限公司等列装应用,累计经济效益 2000 余万元。学科自主研发的锅炉自动燃烧控制系统集现代计算机、自动控制技术、通信技术及测控技术于一体,是集科学性、先进性、实用性、安全性和经济性于一身的锅炉燃烧优化控制系统。从技术手段上改变传统的热源管理方式,极大提升了锅炉燃烧效率,提高供热企业的生产效益。

另一方面学科立足垦区,建立由科技部农村中心指导、黑龙江省科技厅项目支持,市校共建的"建三江科技成果转化中心",致力于全国农业科技成果在垦区转化落地,为垦区提供高质量科技成果供给,同时为佳木斯市提供智库支持。

2. 做好专业集群建设

配合"中国制造 2025"和"工业 4.0",以机械设计制造及其自动化专业、机械电子工程专业为基础,以智能制造工程专业为龙头,建设"智能制造"专业集群,以特色专业农业机械化及其自动化专业为龙头,打造"农业机械制造"专业集群,为我省全国重要的商品粮基地服务。

3. 坚持"以本为本、四个回归",推进"四新"建设

学校全面贯彻 OBE 的教育理念,坚持"学生中心、产出导向、持续改进"原则,根据经济社会发展需求科学设置理论课程和实践环节,强化学生从业能力培养。坚持五育并举,课程思政建设工作成效显著,走在省内高校前列。2020 年,获批黑龙江省课程思政建设示范高校,并同时获批黑龙江省课程思政示范课程 5 门,课程思政教学名师 1 名,课程思政教学团队 2 个。

学校充分发挥现有专业特点和学科优势,突出学科交叉融合,全力推进"四新"建设。现已获批教育部新工科研究与实践项目 1 项,获批教育部新农科研究与改革实践项目 1 项。口腔医学与材料科学专业集群获批黑龙江省首批特色应

用型本科示范专业集群。

4. 不断完善协同育人和实践教学机制

（1）完善实践教学体系，强化实践育人功能

学校以校训"明德砺学，崇尚实践"引领实践教学。2013 年以来，学校先后进行四次人才培养方案修订，提高实践学时和学分比例，强化学生实践技能培养。2019 年，整合全校资源建成工程训练中心，占地 3000 余平方米，集工程文化展示、工程技能训练和创新创业实践功能于一体。

（2）加强实验教学管理，提升实验教学质量

学校制定《佳木斯大学实验教学管理制度》《佳木斯大学实习实训考核制度》等文件，规范实验教学活动的各个关键环节。通过资源优化配置，以学科群为单元建立实验中心，重点建设公共类、基础类实验平台。现有实验教学中心（实验室）35 个，其中教育部工程技术中心 1 个、省级实验教学示范中心 4 个、省高校重点实验室 4 个，校级实验教学示范中心 10 个。

（3）落实综合实践环节，强化校企协同育人

学校制定《佳木斯大学实习工作管理暂行办法》《佳木斯大学实验项目规范化管理》等，加强实习实训规范建设，强化实习实训管理。积极开展校企合作、协同育人，做好实践教学基地建设工作。学校建成校外实践教学基地 241 个，能满足每年 20000 余人次实习实训等实践教学活动需求。

5. 培育以人才培养为中心的质量文化

（1）政策制度全面到位，中心地位保障有效

学校把人才培养中心地位写进学校章程，以人才培养中心地位统领学校办学职能。2019 年，以 OBE 理念为引领，全面修订本科人才培养方案和教学大纲。出台多项政策激励措施，鼓励教师全身心投入本科教学。教学管理制度完善，明确主要环节质量标准，提升本科教学质量。学校一直把本科教学经费投入作为重点，稳定保障经费投入。

（2）措施得力效果明显，中心地位多维体现

学校建立了较为完备的教学管理制度，构建了职责明确、层级清晰的校院两级教学组织管理体系；制定《佳木斯大学本科教学主要环节质量标准及教学质量保障体系》，规范本科人才培养过程。学校制定《佳木斯大学领导干部听课制度》，要求校级领导每月听评课不少于 1 次，教学单位、教学管理部门领导每月不少于 2 次。学校建立校领导联系教学单位制度，经常性深入教学单位调研，指导和协调教学单位本科教学工作。

6. 新农科背景下的农业工程专业建设路径

（1）强调新农科思维方式，进行农业工程教学理念创新

新农科背景下的农业工程专业建设应该强调新农科的新农学思维方式，高校要树立全新的农科人才培养标准，不局限于传统的人才培养要求。以本校为例，在新型的人才培养观念中，强调农学理论知识以及跨界知识与技能的融合存在的重要性，培养现代化农学建设的技术型人才。这种人才培养理念的创新可以纳入教学培养目标，作为教学主要方向进行推进。对于人才培养的要求，除了知识与技术上的要求以外，还需要有相关的生态理念以及人文科学理念。目前社会的发展对于生态环境与人文科学的重视程度较高，农业的发展也是如此，需要注重人和环境的和谐相处问题。对此，培养理念中需要增加环境方面的生态文明建设的内容，提高学生的人文素养。高校进行农业工程发展创新，需要对学生的观念进行有效的指引，树立学生正确的价值观，促使学生对农业工程专业知识与内涵有正确的理解。同时需要培养学生的归属感，高校需要让学生体会到农业工程发展对我国经济发展的重要性，并且热爱这个专业的学习，然后才能更好地让学生致力于这方面的发展。

（2）建立农业相关学科的交叉融合教学模式

高校为了适应现代化农业建设的发展，需要建立农业相关学科的交叉融合教学模式。新农科的发展内容相较于传统农业的发展有很大的变动，新发展中融入了人工智能、大数据等技术的使用，很大程度上对传统农业工程发展造成冲击。新型农业工程的发展对技术的融入，意味着其教学内容不只是包括基本的知识讲授，也包括计算机技术、生物技术、生态系统设计、大数据平台等相关知识与技能的教学。从上述多样化的教学内容可以得知，新型农业工程教学不单单包括传统科目的学习，还增加了计算机课程、生物课程等其他课程教学。因此高校采用交叉融合的教学方式，对于这些与现代化农学相关的技能性科目进行综合性教学，丰富学生的知识面，培养技能更加全面的人才。

（3）及时更新教学内容，结合实际农业发展情况，与时俱进

目前社会经济的不断发展促使农业工程发展的更新周期变短，理论知识的更新速度也越来越快。为了保证学生学习到的农业工程相关知识适用于当时的社会环境，高校应该及时更新教学内容。高校农业工程的教学需要对现阶段的农业发展情况进行关注与跟进，了解目前农业发展的新进展以及农业工程创新的新情况。将确定的新进展与情况放在教学内容中进行农业工程专业的教学，将过时的农业工程相关专业内容去掉，保证内容的实时性。在农业工程专业教

学中,对理论知识的讲授需要有效结合国内外发展的情况展开,这样更好地让学生理解农业工程相关的理论知识。结合实际情况的理论介绍与分析,可以有效地将理论与实际结合起来,防止学生在学习过程中存在与现实的脱节情况,保证学生能更好地掌握农业工程相关理论知识,也能更好地应用到现实生活中来。

(4)进行教学形式的创新,实现理论与实践相融合的教学

高校还需要进行农业工程教学形式的创新,实现多样化的教学形式,重视理论和实践相融合的教学理念,培养能动性的技术型人才。农业工程的教学不仅限于课堂上的知识传授,还应该进行相关的实践培训。教师对相关知识进行教学后,可以让学生进行现场操作,也达到较好地知识接受程度。可以采用计算机设备或者是直接线下田地中,让学生近距离接触农业工程的发展方式,综合化地对学生专业能力进行培养。课堂教学模式从以教师为主改为以学生为主,培养学生的专业兴趣,主张学生自主进行相关领域的创新、创业发展。学校可以组织一些大大小小的学科竞赛,鼓励学生积极参加,并对学生进行相关引导。在竞赛的氛围中,让学生发掘自身的学习兴趣,也能培养他们的创新思维能力以及动手操作能力。本专业积极鼓励学生参加数学建模大赛、“挑战杯”、农业机器人大赛等等竞赛,提高学生的专业知识与技能,培养更优秀的人才。在教学中,采用导师负责制,给学生选择导师的机会。学生在了解自身兴趣以及教师的研究领域后,选择和自身兴趣相关的研究领域所属教师作为学习导师。导师可以将自己研究想法与方法与学生进行交流,指导学生的研究方向,同时导师可以给学生提供一些比较新的农业工程专业领域相关研究内容,给学生提供一些新型的研究思路与灵感,更好地实现学生综合能力的提高。

(5)建立高素质的教学团队,保证较好的高校农业工程师资条件

新农科下的应用型高校农业工程专业建设中,必不可少的是建立高素质的学校教师团队。教师的素质高低与其教学的质量息息相关,高素质的教师教学,会促进课堂教学质量的提高,反之亦然。在高校农业工程的教学发展中,需要重视教师团队的素质培养,保证较好的农业工程师资条件。在招聘教师的时候,需要对教师各项能力进行评估与测量,进行教师素质水平的评价,提高聘用的标准。学校还应该定期对教师进行培训,巩固教师的专业知识与技能,优化其教学理念与方式。在高校农业工程专业建设中,学校需要制定教师的奖惩制度,对教学质量高的教师进行相应地奖励措施,而对教学不理想的教师进行一定的惩罚,促进教师提高教学质量的积极性。

第八章　新农科背景下的教师资队伍建设

我国于 2019 年奏响了新农科建设的"三部曲",安吉共识提出"四个面向"新理念,北大仓行动推出"八大行动"新举措,北京指南实施"百校千项"新项目,系列改革实践措施已全面展开,为高等农业教育指明了发展方向。2019 年 9 月 5 日,习近平总书记给全国涉农高校的书记校长和专家代表的回信为新农科建设注入强大活力,对涉农高校更好地支撑和引领"三农"事业发展赋予了新的时代使命。教师作为新农科建设的主要力量,是培养农业高级专门人才的主要承担者,创新农业科技和传承文化的重要实践者,知识与技术应用的主要参与者,是教育教学、科学研究、社会服务水平的集中体现,在高校新农科专业建设、新型人才培养、新兴科技成果产出,以及科技成果的转化应用等方面都起到重要作用。因此,建设一支结构合理、素质过硬、高效精干的教师队伍是高校新农科建设的重要任务之一,也是人才培养质量提高的重要保证。在此背景下,合理并有效地调整和优化师资队伍结构,完善和健全师资队伍建设机制,是实现农业高等教育由"量"向"质"飞跃的基本着力点,也是高校适应新农科建设的客观需求。

第一节　目前高校师资结构中存在的问题

一、生师比过高,亟须扩充学院专任教师师资队伍

充足的师资是新农科建设的重要保障,而生师比常被用于衡量高校的办学规模及人力资源利用效率,同时也能从教学水平、科研能力、人才吸引力这 3 个方面体现办学质量的好坏,生师比高,办学质量难以保证。美国著名高校的平均生师比为 6.5∶1,其中加州理工大学的生师比更是低至 3∶1。根据《2018 年中华人民共和国教育数据》显示,我国普通高等学校 2018 年平均生师比为 18.56∶1。

现代大学学生人数逐年攀升导致农学专业学院招生总规模呈逐年上升趋势,而教职工人数近几年不增反减,专任教师师资队伍的扩大已远滞后于学生规模的迅速扩张。就国内几所农业院校农学院而言,四川农业大学农学院生师比

为 7.05∶1,湖南农业大学农学院师生比为 10.06∶1,华南农业大学农学院为 10.59∶1,与其他专业相比,农学专业学院差距显著,因此,合理地扩大并补充学院专任教师队伍是十分必要的。

二、年龄结构比例失衡,青年教师比例亟待提高

年龄结构是衡量教师群体教学和科研活力及创造力高低的重要指标,同时也预示着教师队伍的发展潜力,均衡的教师队伍中老中青教师比例应呈现正态分布。相关研究分析表明,合理的教师年龄结构应表现为:正高职称的平均年龄为 50 岁,副高职称平均年龄 40 岁左右,中级职称的平均年龄一般不超过 35 岁,整体平均年龄大多在 40 岁左右,这样的年龄结构分布均匀,易形成老中青学科梯队,学科带头人的接班将不存在问题。目前国内院校教师老龄化现象突出。

此外,青年教师是高校教师队伍的重要群体,也是适应和实施新农科教育教学改革的主要力量,一般具有学历高、科研创新能力强、教学热情度高等特点,是教师队伍建设和师资队伍结构合理性评价中的关键组成部分。

三、职称结构基本合理,实验系列教师及高层次人才比例亟待提高

职称结构的优化程度,可集中反映教师队伍的综合质量,也是衡量高校教学及科研水平的重要指标。有关资料显示,国外高校实验岗教师占全校职工总数的比例平均可达 18%。因此,需要大力加强农学与生物技术学院实验系列岗位教师队伍的建设。

此外,在新农科建设的时代背景下,农科院校肩负着培养农科高端人才和研究农业先进技术的重任,高层次人才在师资队伍建设中起到重要的带动作用。建设一支高层次、高水平的人才队伍是高校在新农科建设背景下的必然选择,也是高校发展战略的重要组成部分。

四、学缘结构单一,应进一步优化融合

学缘结构是师资队伍合理性评价的关键指标,合理的学缘结构有利于学科交叉,不仅是提升学术生产力的有效途径,同时也是提高人才培养质量的重要保障,其逻辑终点在于建设学术自由、平等共享,紧密合作的学校文化。但“师徒型”团队难以产生创新思想,不利于学科多元发展,不利于形成“百家争鸣”的学术氛围。此外,合理的学缘结构还体现在教师毕业院校的高层次性和多元性,所涵盖学科的广泛性和丰富性。

五、国际化视野缺乏,影响学院教育教学国际化进程

新农科建设要求创新人才培养模式,提升学生创新意识,培育一批高层次、高水平、国际化的卓越农业人才。高校不仅担负着人才培养、科学研究、社会服务、文化传承与创新的重要职能,在当今时代还要承担国际交流的重要使命。国际化是高校加快开放与合作、提升教学科研实力和影响力、增加学科国际竞争力的重要途径,而教师国际化是实现大学国际化的重要因素。教师队伍国际化建设的内涵即"引进来"和"走出去"。对于农学学院来说,教师队伍来源国际化较难实现,即"引进来"难,但"走出去"的可能性较大。此外,教师国际化视野缺乏已成为学院推进教育教学国际化的重要限制因素,主要反映在到国外深造和交流的学生比例偏低,留学生偏少,国际合作项目不多。

第二节　新农科建设背景下师资队伍建设的对策与途径

新农科建设要求农科教育教学达到4个根本性的转变:即从偏重服务产业经济向促进学生全面发展转变,从单学科割裂独立发展向多学科交叉融合发展转变,从专注专业教育向专业教育与通识教育高度融合转变,从专注知识本位向侧重个人本位转变。现有师资队伍能否满足新农科建设的需求,能否适应国家及区域经济发展水平,是否符合现代农业发展趋势,这些已成为加强师资队伍建设中需要重点考虑的问题。

一、坚持立德树人的方向指引,立德先立师,树人先正己

习近平总书记给全国涉农高校书记校长和专家代表回信中强调,教师要以立德树人为根本,以强农兴农为己任,培养知农爱农新型人才。立德树人是高校的立身之本,培养和造就一支不忘初心、牢记使命、爱岗敬业、教书育人的教师队伍,是立德树人成败的关键。

1.要健全和完善师德师风建设长效机制,政治要强,情怀要深

把师德师风作为考评师资队伍素质的第一标准,做到以德立身、以德立学、以德施教。积极引导我院教师做有理想信念、有道德情操、有扎实学识、有仁爱之心的党和人民满意的好老师。同时,要求所有教师签订师德师风承诺书,建立"一人一档"师德师风考核档案,通过总结、调研、走访学生等形式对每位教师的师德师风进行全面考核,详细记录每位教师的奖惩信息、教学评价记录及学生访

谈记录,以此作为年度考核、任期考核、职称晋升、导师遴选、派出进修等的第一依据,实行一票否决制。

2. 要强化专业思政建设,思维要新,视野要广

"拔节孕穗期"的青年学生最需要精心引导和栽培。因此,要求教师将思政元素融入教书育人与科学研究的各个环节,达到润物无声、立德树人的目的。以教研组或系(室)为基本单位,定期组织研究思政元素融入专业环节的切入点及切入形式,加大典型案例的挖掘、培育、宣传和表彰,切实提高教师师德师风水平。

3. 要优化师德师风监管体制,自律要严,人格要正

学院成立以党委书记为组长,学院党政领导班子为成员的师德师风监管小组,负责监督和检查教师师德师风情况,设立举报电话及邮箱,受理各类投诉举报。

二、注重教师队伍的规模效益,保增长,调生师比结构

为高校办学质量的重要指标,在一定程度上体现人力资源利用效率及办学效益,同时也是人才培养质量的重要指示器,在师资队伍建设过程中,不应该以牺牲质量为代价过分追求效益。教师数量严重不足,生师比太高,人才培养质量难以保证。按照现有学生规模计算,师资队伍规模至少要能达到100人以上,才能保证生师比接近国内高校的平均水平。

一是要结合学科发展需要,加大宣传,逐步扩大现有教师规模。对一些学科发展需要的紧缺人才,适当放宽招录条件。同时,健全退休教师,特别是正高级职称退休教师的返聘机制,更好地发挥资深教师在师资队伍建设过程中的"传帮带"作用。

二是要着力调整师资队伍的年龄结构,创造更好的条件使青年教师的数量及质量稳步提高,用项目资助、团队吸纳等方式加快学术梯队建设。青年教师作为高校教师队伍生力军,既承载着接续奋斗、载梦前行的使命,也肩负着开源活水、立德树人的担当。学院要持续加大青年教师的引育力度,加强对青年教师的思想政治教育,完善青年教师培养制度,提升青年教师专业发展能力,构建一支具有使命意识、责任意识、育人情怀、业务能力强的青年教师队伍。

三是要结合学校有关规定,根据学科及学术梯队的建设需要,构建合理的职称结构,提高实验系列教师比例。针对岗位教师不足的问题,建立实验技术"带头人"机制,鼓励在岗教师参与仪器设备的管理与服务。

四是要优化学缘结构,控制本校毕业生留校任教比例,制定师资学缘结构的优化计划及配套的评价方法,提高编制的使用效率。同时,健全学缘再造机制,通过学历晋升、出国深造等多途径丰富教师的学术经历,提高学缘多样性,促进学科交叉,优化学术氛围。

三、完善人才队伍的引育机制,引进来,走出去

要坚持"充分用好现有人才,积极引进高级人才,努力培养后备人才"的方针,充分发挥高层次人才的支撑和引领作用,加快引进一批一流科技人才,着力培养一批拔尖创新人才,发挥人才在育人和新农科建设中的引领带动作用。

一是要明确"创新靠人才"的思想内涵,加大高层次人才引进力度,努力搭建一支合理的高层次学术人才梯队。

二是要重视学科建设,为人才的引育创造条件。学科是大学的灵魂,是高校进行人才培养、科学研究及社会服务的平台,只有一流学科才能吸引一流人才。紧密结合农业经济社会发展需求,充分发挥地方作物资源、生态资源优势,大力推进学科建设,增加人才吸引力,同时为现有教师营造良好的科研条件。

三是要吸引国内外优秀博士在学校间从事高水平科研工作,以达到促进学科发展及加强学术交流的目的,充分发挥博士后科研流动站在师资队伍建设过程中的平台作用。

四是要立足学科发展需要,有针对性地选派教师赴境外访学交流。学科有留学背景的教师比例很低,由于资金等方面的限制,学科要引进国外知名教师来校任教较为困难。因此,提高学科师资队伍国际化水平的有效途径是结合学科发展规划和新农科建设需求,制定和完善教师境外研学进修方案及相关规定,加强教师外语能力培训,有针对性地选派业务能力强、科研水平高的教师到境外一流大学及学术机构培训、深造、合作与交流,提高教师国际化视野,提升学术影响力和科研生产力,促进教育教学国际化。

四、创新师资队伍的培训及管理制度,激潜能,争先进

要遵循教师成长的阶段性特点,因势利导,进一步优化师资队伍的培训和管理制度,营造良好的学术氛围和科研环境,强化竞争激励机制,充分调动广大教师热衷科研、勇于创新的积极性,达到重视有贡献的现有人才、吸引有能力的外来人才、激励有潜力的青年人才的目的。

一是要健全教师培训制度,结合信息技术,探索实行培训学分管理,并纳入

任期考核指标。

二是要完善新入职教师培训体系,实施青年教师分阶段培养制度。

三是要配合学校制定教师任期考核制度,在岗教师须根据岗位要求签订聘期目标任务书,包括思想品德、教学、科研、社会服务、学院公共事务等多项考核指标。任期考核根据任务书的达标情况评定为优秀、合格、不合格 3 个等级,评定结果与绩效和职称评定挂钩,以达到激发教师工作积极性的目的,让广大教师更好地投身于新农科建设中。

第三节　新农科背景下高等院校青年教师发展

一、青年教师创新发展的思考

1. 以立德树人提升青年教师师德修养

立德是高校教师职业的内在要求,树人是高校教师的必然之选。为了不断壮大有德有学的优秀青年教师队伍,高校应长期建设完善的师德师风长效机制,注重青年教师在教学科研中的个人道德素养、自我良知、自律修养等优良品性,坚定青年教师为人师表、行为规范的职业操守。

一方面,要加强正向教育与引导。针对各个学科、各个发展阶段的教师要有选择性,更要有方向性、有侧重性地进行教师品德教育,从而提高教师对德育的针对性和有效性,让师德教育培训作为每一位青年教师入职培训和在岗培训的重要课程内容。要强化农科青年教师对"传承农科精神,做新时代的奋斗者"的献身精神。并且引导青年教师,让青年教师在坚持实事求是、格物致知的原则中实现自我职业追求和育人情怀的表达,可以选举综合素质高、卓越优秀的教师作为高校师德楷模,推动新青年教师对这些优秀师德教师先进事迹的宣传及学习,不断继承和发扬优秀师德风范,树立优秀教师好榜样。另一方面,要完善并落实高校教师师德约束机制。可以适当采取师德威慑教育,例如合理利用反面案例,可以有效发挥正面的警示,起到告诫作用;还可以通过健全的师德监督考评机制让青年教师明确师德师风的红线,从而引导青年教师自觉坚守教书育人的底线,不做有伤师德之行为。要做到畅通师德师风问题投诉渠道,可以构建"四位一体",即学校、院系、教师、学生的师德监督体系。严格实行师德一票否决制,将师德表现作为青年教师职称晋升、职务聘任、评奖评优、出国进修等各类评审的首要条件。对那些师德表现较差、存在问题的教师,要做到及时纠正教育、长期监督;情节严重者,应依法依规严肃处理,绝不姑息;对学术造假、学术不端等失德失范行为,采取动真格、出重拳,形成震慑,让师德较差的教师及时醒悟,当机改正,避免再犯。

2. 实行青年教师导师责任制,加快青年教师创新发展

高校应为青年教师配备相应的责任导师,让有经验、负责任的中年老教师起到带头作用,传承使命,帮助青年教师树立正确的师德风范,让青年教师导师责任制"开花结果",让青年教师不断继承和发扬老教师的优秀师德师风;由导师在规定时间内在师德、教学、科研等方面对其进行指导和培养,指导其在长期教学、科研工作中积累经验,使其具备较强的教学和科研能力;建立并完善导师责任制下培养新青年教师的双向激励机制,促进导师鼓励青年教师积极参与的同时,也激发青年教师与导师交流沟通的主动性;建立青年教师培养平台体系,通过建立企业实践基地的形式进行平台建设,将高校课题科研项目与社会实践相结合,根据实际问题开展科学研究工作。

3. 选好目标方向,做好职业规划

各大高校的青年教师队伍对于一个高校来说是学校的中流砥柱,优秀的教师不仅能够培育出优秀的人才,甚至关系到高校的办学质量,同时也关系到青年教师本人的未来发展及方向。实现个人职业理想以及人生价值是青年教师职业发展规划的最终目标。教师想要实现自身职业价值,可以通过完成工作安排任务、明确职业方向等方式来规划自身的职业发展蓝图。当然,要想确定最佳的职业奋斗方向及目标,青年教师还需要结合其所在高校的背景及发展情况,明确学院学科的发展历程和相关重点实验室或工程中心的建立,才能更清楚地定好未来最佳的职业奋斗方向和目标,并为实现这一目标做出行之有效的计划和安排,努力提升自身素质。

4. 借助团队平台加强教学与科研能力,加快成果产出

由于青年教师经历少,实践动手能力弱,往往在科研工作起始阶段,没有足够的能力和较多的机会负责项目,因此,青年教师除了在心态上要积极主动参与科研工作之外,还要虚心学习,放低身段,从科研基础小事做起,慢慢积累科研经验,实现科研成果的累加与转化。

同时,做到教学与科研优势互补,只有二者的相互结合、相互促进,才能更好地磨炼打造学生们的良好创造力,一味地脱离科研或脱离教学的讲授是无法真正吸引学生,更无法激发学生的兴趣,一流的教学水平往往诞生于科研和学术成就中。因此,青年教师需要积极迅速的适应并融入团队,才能尽快实现自我价值

并产出有代表性的高水平成果。

5.积极争取各类人才计划项目

青年教师要在职业规划上有清醒的认识,积极争取各类人才计划,加强"国家杰出青年科学基金、长江学者奖励计划、百千万人才工程、国家级教学名师奖、天山学者、兵团领军人才、兵团特聘专家、兵团英才"等人才计划项目的申报,尽可能多方面的不断提升自身综合价值能力,达到各类人才计划项目的申报要求,拓宽科研资源。

6.加强实践能力锻炼,向创新应用复合型人才发展

青年教师不能再让传统的科研至上观念占据大脑,要注重新环境下产学研合作,特别是应用型高校的青年教师要面对并提高自身对科研课题的承接能力这一现实,转变以往在硕士或博士研究期间的思维定式问题,以实现解决企业实际问题而努力培养自身的实践动手能力,要清楚地明白应用型高校青年教师最长最宽的科研出路就是争取科研经费。

二、新农科背景下高等院校青年教师创新发展的几点建议

1.加快适应新农科背景下的人才培养模式

加快适应新农科背景下知识体系、研究范式和专业学科体系的变化,新农科培养的人才应该是专业人才和综合型人才的有机结合。因此,新人才的培养体系也存在重构问题。在新农科人才观的背景下,加大新型技术、科技伦理等方面的培养,培养方式也将更多地应用到电子化、信息化等新型科学技术。总之,新农科培养的人才应该是能够满足全面推进我国"三农"发展的人才需求。

2.加强青年教师激励机制建设

提高教师工作的积极性可以根据效率在前的利益分配机制,并拉大教师与教师之间的薪酬分配差距,再通过合理的薪酬分配机制可大大提高教学质量以及教师的自身能力,尤其是对于那些深层次论文、里程碑式的成果等;通过建立合理的、有效的考核制度,将考核结果纳入教师的工资分配、职称晋升中,做到公平公正,通过绩效考核真正实现"鼓励进步、积极向上"的最佳效果;为了让有能力、有创新的优秀青年教师得到公平有效的晋升机会,可以根据绩效考核成绩实现其自身的职称晋升,完善高校更科学合理的晋升选拔方式。

3.积极申报各类项目,科研与教学结合,提升科研水平与学术地位

了解掌握科研课题、实践项目的含义是青年教师申报各类科研项目的首要任务,把握明晰课题项目执行的重要性和意义是多方面理解透析自己所从事专

业前沿发展动态的前提条件,需要不断强化自我科研技能、创新实践操作、数据归纳处理、科研方法的学习掌握等各项能力,还需要建设良好的科研兴趣及自我心态调整能力,树立正确的科研价值观,打造过硬的科研心理素质水平。除此之外,青年教师还应时刻牢记将教学与科研贯穿在日常工作中,紧密将二者结合起来,明确各类科研项目申报的资格条件,加快自身申报要求达标的实现及科研水平的提升,实现自我价值的升华。

4.开展青年教师科研教学传帮带计划

为了培养青年教师对科研项目的独立申报、论文撰写、科研项目完成度、结题汇报等能力的提升,相应的科研导师可以通过一系列的"一对一"教学活动开展培训工作,从而不断激发青年教师的科研积极性,帮助青年教师解决在申报科研项目中遇到的难题;青年教师还可以积极主动地与科研导师进行探讨交流,及时解决发现的问题,以此保证自己的科研有准确的方向和目的。

第九章 新农科视域下高等院校教育改革的探索

2018年全国教育大会召开以来,中国高等教育发生了根本性变化。习近平总书记在全国教育大会上所做的重要报告回答了"培养什么人、怎样培养人、为谁培养人"的问题,为加快推动教育现代化、建设教育强国、办好人民满意的教育指明了方向。"培养什么人、怎样培养人、为谁培养人"也是习近平总书记给全体教育工作者提出的时代命题,做好命题答卷是教育工作者的使命和担当。同年,新时代全国高等学校本科教育工作会议在四川大学召开,会议强调要坚持"以本为本",推进"四个回归",加快建设高水平本科教育,全面提高高校人才培养能力,造就堪当民族复兴大任的时代新人。这次会议在高等教育人才培养的认知方面实现了由"教学"向"教育"的转变;同时,就如何培养人才,怎样培养人才提出了"四个回归",并对"回归常识、回归本分、回归初心、回归梦想"进行了诠释,从而推动了一流本科的建设。之后,教育部出台了《关于加快建设高水平本科教育全面提高人才培养能力的意见》(即"新高教四十条"),为本科教育未来的改革和发展确定了方向。在2018—2020年教育部高等学校教学指导委员会成立大会上,再次强调高校要聚焦"培养人"这一根本使命,抓住振兴本科教育这一核心,实现高等教育内涵式发展,为培养德智体美劳全面发展的社会主义建设者和接班人做出新的更大贡献。

特别是2019年9月5日习近平总书记在给全国涉农高校的回信中强调"我国高等农业教育大有可为",表达了习近平总书记对新时代高等农业教育的期待和鼓舞之情。为此,高等农业院校通过深入学习习近平总书记重要回信精神,按照总书记的要求,站在实现党的十八大提出的第二个一百年奋斗目标的人才需求以及农业发展要求的高度来谋划和落实新农科建设,始终把教育改革作为推进新农科建设的重要抓手和推动新农科高质量发展的强劲动力。

第一节　高等院校加强实践教学的必然性

一、面对新时代，走改革发展之路

首先，面对新一轮科技革命、产业革命和中华民族伟大复兴的历史性交汇；面对农业全面升级、农村全面进步、农民全面发展的新要求，我国高等农业工程教育必须主动识变、应变、求变。其次，我国高等农业工程教育学科结构单一，学科交叉融合不够，与农业工程产业发展结合得不紧密，对农业工程发展的贡献率不高。高等院校必须走改革发展之路，改革升级传统农业工程、提高人才培养质量、创新科技水平、提升社会服务能力。创新的高等农业工程教育不能停留于书本和课堂，必须走下"黑板"、走出教室、走进山水农田湖草，实践教学在"走下来，走出去"过程中发挥了重要作用。通过加强实践教学，来培养新农人，更好地为农业农村现代化、经济社会发展提供人力资源。

二、对接新发展，育卓越人才

对接农业创新发展、乡村产业融合发展，着力提升学生的创新能力、实践能力和经营管理能力，必须开展针对性的实践教学。加强实践教学改革，才能有效保障卓越农业工程人才将理论学习有效融入新农村区域发展和产业升级的实际中。面对新农业、新乡村、新农民和新生态，农业农村现代化要创新型、复合型、应用型人才，通过加强实践教学改革，培养学生具有坚实的理论知识、较强的实践能力、发散的创新思维和灵活的应变能力，将农业工程人才真正地融入农业工程业发展，为乡村振兴注入不竭的青春力量。

三、建设新高地，树教育新标

我国高等农业工程教育的办学条件日益改善，但实践教学基地建设依然是薄弱环节，不能适应社会经济发展对新型农业工程人才培养的要求，不能适应新农科对一流实践基地建设的要求，因此在高等农业工程教育改革创新中，必须加快实践教学改革和实践基地建设，为实践教学的开展提供保障，为提高人才培养质量创造条件。实践教学可以有效应对农业工程专业实践性强的特点，不仅培养学生实践动手能力和创新能力，减少"高分低能"，而且提升毕业生就业竞争力、社会职业素养。实践教学基地建设是加强实践教学的重要载体，构建校内外协同联动的实践教学基地,对于新型农业工程人才培养和实践教学改革具有积极的推动作用。

第二节　高等院校实践教学中存在的问题

一、教育主体认识不到位

受传统教育理念的影响,教育主体对实践教学认识不足,重视程度不够,存在重科研、轻教学,重理论、轻实践,重学历、轻技能,重目标、轻过程的倾向。部分教师对实践教学缺乏热情,不愿投入过多的时间和精力进行实践教学。学生对实践教学的开展配合程度不高,消极应对,被动听从指令,与指导教师零互动,对实践教学内容缺少思考,在完成任务时无原创性。

二、实践基地建设薄弱

实践教学基地是人才培养重要支撑平台,尽管高等院校都在积极地建立实践教学基地,但仍显得十分薄弱。企业缺乏参与热情,高校缺乏统一规划,基地建设出现数量不均、重复建设、质量不高、利用率低、辐射面窄等无序化现象,难以满足实践教学的需求。

三、实践教学管控机制缺失

实践教学制度建设滞后,缺乏有效的管理、保障机制。实践教学制度不完善,缺少对实践教学的总体安排、具体要求的统一规划,导致实践教学开展的随意性较大,缺少执行力。缺少对实践教学任课教师的培训机制与引进机制,多数指导教师缺乏实践教学经验,很难有效地开展实践教学。

四、实践教学考核评价制度不完善

实践教学效果评价大多采用定性考核,缺乏量化的教学过程考核,无法全面考查学生实际操作、收集数据、合作等探究要素集合的能力,考核内容和评价方法单一,存在着较大的主观性和随意性,影响考核的科学性和有效性,严重制约了开展实践教学的积极性。

五、实践教学师资力量不足

师生比过高导致任课教师教学任务重、压力大,没有更多时间和精力去提高实践能力,实践教学能力欠缺严重制约了实践教学的有效开展。年轻的教师在实践教学时往往经验不足,缺少组织协调和应变能力,老教师在理论教学方面经验丰富,但实践教学经验往往不成正比。另外,教学管理者对教师缺乏实践能力的认识不足,未提供相应的培训机会,使得教师实践能力得不到提升。

第三节　新农科建设高质量基层教学组织

一流的教学队伍是开展新农科建设的重要支撑。基层教学组织是落实教学工作的"最后一公里"的最小单位。加强基层教学组织建设,建设一流的教学团队,是新农科建设的重要内容。但基于苏联模式形成的我国高校基层教学组织建制,历经兴起、兴盛、削弱、淡化的过程,表现出一系列问题:教学组织功能被忽视、教研教改活动弱化、青年教师培养滞后、教师教学共同体缺失等。

随着高等教育教学改革的深入,基层教学组织的重要性再次被高度重视,高等院校也逐渐加大了对基层教学组织建设的研究与改革探索,基层教学组织也呈现一系列变化,如组织结构变化,从传统"学院—系—教研室"的直线结构变得更加灵活、柔性;又如组织功能拓展,一些基层教学组织已成为教学、科研统一的学术组织。结合现代大学制度的构建,从完善大学治理体系的角度出发,建好基层教学组织对推进新农科建设显得尤为重要。

一、新农科对基层教学组织的新要求

实行校院两级管理、推进管理重心下移是建立现代大学制度,理顺大学内部管理机制、实现内涵发展的需要,也是推进"学院办大学"的重要举措。一流大学需要一流的办学理念、一流的大学师资,同样需要一流的治理体系。新农科建设要求创新校院两级教学组织管理机制,构建一流大学治理体系,充分发挥行政部门、学院、教师、学生等多元治理主体的作用,实现基层组织办学院、学院办大学。基层教学组织成为新农科建设的重要内容,它体现的是推进农林院校按民主、科学和法治的原则构建科学合理的大学教学治理结构。高等院校在一流大学治理体系的框架下,组建教学共同体,以共同治理为目标,以学校制度和学院制度安排为依据,运用参与、对话、协商、谈判等形式,在自愿平等互利的前提下,共同管理日常教学、教学研究、教学建设、教师发展等教学事务,有利于激发教师群体活力,有利于广聚众智推进专业、课程、教材等建设。

二、涉农院校基层教学组织现状与突出问题

无疑,基层教学组织建设在很多涉农院校都表现出一些问题,主要体现在:学校重视不够,缺乏顶层设计,组织结构重叠;职能定位不清,组织权责模糊,工作内容与工作路径不明确;教师参与不多,教师参与组织活动的热情未被调动起来,组织活力缺乏;管理机制不明,从运行、保障、激励等方面未形成完善的制度,组织考评欠缺。

1. 顶层设计不足,组织架构混乱

基层教学组织的虚化与弱化,有各方面原因,学校层面重视不够、缺少统一指导,是其中原因之一。由于缺少顶层设计,设置无序,基层教学组织与学院、系之间的关系未理顺,组织内不能形成合力,也无法组成共同体,组织间不能有效交流沟通。在部分学校,同一学院中,多种层级管理与多种不同组成形式的基层教学组织并存,形成"各自为政"或互不联通的状态,不利于基层教学组织的交流、融合与发展。

2. 职能定位不清,组织权责模糊

学校对基层教学组织无明确的定位,无明确的职责界定,未赋予基层教学组织相关权利,也未明确基层教学组织的职责。有的直接将院系作为基层教学组织,似有却无,权责无限大;有的直接将上同一门课的几个老师作为一个基层教学组织,"个体"尚构不成"组织",可持续发展难。多数基层教学组织缺少学校或学院的经费支持,教研活动零碎化,与其他组织缺少有效的衔接和配合。部分基层教学组织忙于完成各种事务性工作,行使行政职能多于学术职能,基层教学组织本应有的效能未得到完全体现。

3. 教师参与不多,组织活力缺乏

未形成共研共建共同发展的组织文化,基层教学组织缺乏科学的发展规划,也缺少针对性强、质量高的活动。组织的一些临时性活动,对教师缺少吸引力。因缺乏凝聚和交流,基层教学组织呈现离散的状态。教研活动缺乏,老中青"传帮带"不够,教师个人往往独自完成各种教学任务,很少进行教学交流。教师的教学行为依然体现出个人主体,依赖个人经验,课堂教学缺少引导与监控。

4. 运行机制不明,组织考评欠缺

从大多数学校看,现在仍无明确的设置机制、运行机制、保障机制、考核评价

机制、激励机制。一些基层教学组织不接受任何形式的考核,做好做坏一个样,做多做少一个样。针对此问题,2018 年新时代全国高等学校本科教育工作会议后,教育部正式下发《教育部关于深化本科教育教学改革全面提高人才培养质量的意见》(教高〔2019〕6 号),提出要加强基层教学组织建设,就组织建设的模式、负责人、经费支持等方面提出明确要求。

三、"一化三性"——基于新农科建设高质量基层教学组织

治理主体多元性、治理方式多样性、治理对象平等性、治理过程协作性、治理内容公共性、治理结果价值性等应是高等院校治理体系建设的重要内容。新农科建设背景下,构建一流的治理体系,要求高等院校围绕立德树人根本任务,加强基层教学组织建设,激发基层教学组织活力。

近年来,华中农业大学结合新农科建设积极探索基层教学组织改革,从组织形式、工作职责、运行管理等方面进行了一系列实践,进一步理顺了基层教学组织关系,增强了基层教学组织活力,有力推进了大学治理体系的构建。归纳总结,其特点体现为"一化三性"。"一化",即根据学院、学科自身特点组建形式多样、功能强大的实体化基层教学组织;"三性",即强化基层教学组织的主体性、融合性、可持续性。

1. 架构定位明确、功能清晰的实体化基层教学组织

基层教学组织要发挥作用,必须得到各治理共同体的认可。实体化有利于构建人员、事务、机制、文化等相对完善的组织体系。学校明确指出基层教学组织的组建应由学院教学指导委员会进行论证并报学校相关部门审核认定后发文成立,学校在预算时充分考虑基层教学组织的运行经费,对基层教学组织相关负责人承担的工作核算工作量。学院给予基层教学组织专项经费支持,保障其建设及教研活动顺利开展。

探索多元化基层教学组织建设。学校鼓励各学院围绕学校人才培养的总目标,自主设置不同形式的基层教学组织,构建四类基层教学组织:一是"学院—专业"模式。以专业为单位,由专业负责人负责组建,以加强专业建设与改革为主要任务。二是"系—教研室"模式。以系为单位,以专业培养方向为单元进行组建。以组织教学计划、教育教学改革、师资培养等为主要任务。如园艺专业,组建有果树教研室、蔬菜教研室、观赏园艺教研室。三是"课程(组)教学团队"模式。以从事具有相同或相关性课程模块教学的团队为单位建设,如有机化学教学团队。四是"交叉教学组织"模式。以具有创新性的教学研究与实践团队为单

位,跨学科跨学院跨专业建设基层教学组织,如创新创业教学团队。基层教学组织形式可以各异,但不管哪种形式都应该明确架构、明确负责人、明确定位与功能。

2. 明确基层教学组织的权、责与工作内容,激发其主体性

强化基层教学组织的主体地位,压实基层教学组织的教育教学主体责任。陆国栋等通过对浙江大学基层教学组织的调研与研究,发现教师的教学过程中存在教学行为个体化、教学文化碎片化、教学传承虚无化等问题。如何发挥基层教学组织的主体作用,同时通过基层教学组织的作用调动和激发一线教师参与教学改革和教学模式创新的主动性,是推进一流大学治理体系建设的重要内容。

学校近年来强化了基层教学组织三个方面的职责。

一是强化师德师风建设,要求以党建引领,加强基层教学组织的政治学习,推进课程思政建设,不断加强理想信念教育,努力打造政治素质过硬、业务能力精湛、育人水平高超的高素质教师队伍。

二是打造组织文化,建立组织制度,定期开展听课、观摩、评课、教学竞赛、教学工作坊、教学午餐会等形式多样活动,形成氛围融洽、能力互补、开放共享的基层教学组织文化。

三是推进教育教学改革。引导组织成员及时将科研优势转化为教学资源,优化教育教学内容、创新教育教学方法,推进教与学的可持续性发展。

3. 坚持党建引领、科教结合,以融合性提升基层教学组织创新力

立德树人是高校的根本任务。基层教学组织要引领教师做好教育教学,首先必须以党建引领组织的发展,以党建凝聚人心、完善人格、开发人力、培育人才、造福人民,通过构建又红又专的教师共同体,培育德智体美劳全面发展的社会主义建设者和接班人。加强基层党建工作与教育教学深度融合,通过党建工作,坚定教师为党育人、为国育才的决心,调动广大教师共同做好教育教学的积极性,通过党建推进教师做好专业思政、课程思政。通过党支部带动基层教学组织建设,遴选能够起到模范带头作用、群众评价好、素质高的党员任组织的核心成员,通过他们奉献组织的精神示范带动基层教学组织所有老师积极参与教学研究与改革,积极参与专业建设和课程资源建设。党员身份与教师身份的融合,让每位基层教学组织成员更有组织认同感,工作起来更有活力。借助于课程思政研究中心这一平台将党建与教育教学融合,开展课程思政立项、共同研究课程思政方案,收集的课程思政案例共享,建设课程思政案例集,实现了课程门门讲思政、课程思政全覆盖。

　　基层教学组织只有充分考虑到教师的教学与科研的全面发展,才能充分调动教师参与组织活动的积极性与主动性。在基层教学组织建设过程中,要树立和坚持科教融合的理念,以创新人才培养为前提,使教学与科研在形式和内容上互相融合,及时将科研的新思维、新方法、新技术等应用于教学教研过程中,丰富教学内容,扩展课程资源,提升教学效果,提高教学质量。

　　基于新农科建设要求,基层教学组织以党建聚人心、引方向,以关心教师的综合发展来实践对教师的真切关怀。基层教学组织是教学共同体,也是学术共同体,科教融合帮助教师实现了教学与科研的统一,党建引领、科教融合的过程也是推动基层教学组织功能提升、制度完善和组织创新的过程。

4.构建长效机制,推动基层教学组织可持续性发展

　　充分发挥基层教学组织作用并实现基层教学组织的不断发展,需要建立长效机制。长效机制的构建需要从学校层面、学院层面和基层教学组织层面整体设计。从学校层面,出台基层教学组织的管理办法,明确基层教学组织的设置原则、进入与退出机制、考核与评价机制。教务部门负责基层教学组织的建设指导和备案,提出基层教学组织负责人的标准及聘期考核要求,并对优秀的基层教学组织及负责人予以表彰,对认定为不合格的基层教学组织督促其进行整改。从学院层面,要求各学院成立以院长为组长的基层教学组织建设工作领导小组,负责对本单位基层教学组织建设进行总体规划,给予基层教学组织专项经费支持,各学院教务办公室负责本学院基层教学组织的建设与日常管理。从基层教学组织层面,形成内部工作制度与规范,如新教师助教制、青年教师导师制、新开课预讲制、集体备课制、考教分离制、试卷三审制、集体阅卷制、同行相互听课制等,以强化教学共同体日常活动的规范性。

第四节　高等院校教育改革

一、牢记立德树人,始终把固本铸魂作为新农科人才培养的根本任务

　　国无德不兴,人无德不立。立德树人是所有教育工作者的使命和担当。要肩负起为党育人、为国育才的责任,就必须以实际行动回答好习近平总书记提出的"培养什么人、怎样培养人、为谁培养人"这一关乎社会主义大学人才培养方向的重大命题。高等农业院校必须保持清醒,坚定正确的政治方向,积极探究铸魂

教育的模式和方法,努力培养品德、知识、能力、素质协调发展的高水平创新人才。

一是构建好大学生思想政治教育的"大思政"格局。要把"三全育人"落到实处,在学生思想的"悟"上下功夫,把社会主义核心价值观根植于教育土壤,培育学生的"红色基因"。

二是创新德育方法。坚持底线教育与高尚引领相结合,培养底线思维,建好学生诚信体系,筑牢诚信底线;坚持高尚道德教育引领,在教育过程中讲好先进道德模范故事。

三是抓好教师的言传身教。晋朝文学家和哲学家傅玄说:"近朱者赤、近墨者黑。"教育工作者的思想品德修养水平决定高校落实立德树人的成败。习近平总书记提出的"有理想信念、有道德情操、有扎实学问、有仁爱之心"的"四有"好教师标准中,"三有"都是对教师思想品德的要求。高等农业院校及其二级学院和基层教学组织等都要下大力气加强师德师风建设,切实提高师资队伍建设水平。

四是注重学校风格的养成。各大高校在办学方向上要做到深挖地方历史文化,了解地方特点,通过各种方式教育和引导学生形成爱校荣校意识,培养热爱校园的人。

二、注重内涵发展,始终把教育改革作为新农科高质发展的强劲动力

对内涵发展,不同的人有不同的理解。对高等教育而言,内涵发展的基本共识是提升质量。对高等农业院校的新农科教育来说,落实内涵发展就是按照教育规律办事,不搞"花架子"。陈宝生部长曾经强调,本科教育要推进"四个回归",把人才培养的质量和效果作为检验一切工作的根本标准。"四个回归"的实质就是回归教育规律和人才培养规律。其中,回归常识,就是学生要刻苦读书、求真学问、练真本领;回归本分,就是教师要潜心教书育人;回归初心,就是高校要倾心培养社会主义建设者和接班人;回归梦想,就是要倾力实现教育报国、教育强国梦。当前,我国高等教育已经进入了以"双一流"建设为目标的新时代,其内涵是聚焦高质量发展,其核心是人才培养,其发展路径是深化教育改革。

近年来,高等院校持续推进教育改革,有效地促进了人才培养质量的不断提升,并得到了社会的广泛认可。在教育改革进程中,学校既积累了丰富的经验,也发现了一些问题。因此,未来几年,高等院校还需进一步深化教育综合改革,

狠抓人才培养关键环节,扭住牵一发动全身的"牛鼻子",持续发力,长期坚持,实现新跨越。

一是进一步深化考试方法改革,使之成为课程建设的关键抓手。采取科学的考试方法可以给学生造成一定的学习压力,使学生"持续学、全程学",帮助学生打牢知识基础;同时,也可以形成促进人才培养质量提高的外在推力。

二是创新教学方法,实施科教融合,在培养学生批判性思维上下功夫,强化学生创新能力的培养。

三是继续探索人才培养新模式,着眼教育部"六卓越一拔尖"2.0计划和"四新建设",开创新思路,探索新举措,特别是在新林科建设方面要出新模式、立新标准。

四是建立激励教师教学投入的机制,树牢教师的职业责任意识。

五是重构教育质量保障体系,并与成果导向教育相衔接。

六是加快推进教育国际化,加强对外交流与合作。这是教育水平快速提升的最佳路径。

三、重构知识体系,把夯实基础学科作为支撑新农科建设的重要手段

高等农业院校要着力创新农科教育知识体系,以满足经济社会发展对新时期农业人才的需求。

一是注重学科交叉。新农科建设的关键是要站在我国农业发展和未来人才需求的高度进行谋划,要从学科交叉复合的角度进行设计,从而推进新农科人才培养。特别是要用现代生物技术、信息技术、工程技术等改造和提升传统的农科专业,使其具备新农科特性。例如,新林科建设要以生物学为依托,与生物技术进行交叉;以计算机科学为依托,与信息大数据进行交叉;以电子信息、机械等学科体系为依托,与人工智能装备进行交叉;以化学为依托,与化学化工技术进行交叉,等等。

二是创新知识体系。基础学科对新农科的贯通,为新林科的本科人才培养提供了很好的支撑,也为构建能够支撑新农科人才知识、能力、素质培养的具有农科特色的课程体系奠定了良好的基础。因此,高等农业院校要遵从农科的新使命和新理念,根据不同类型农业人才培养目标的要求,与时俱进,构建包含农业发展新理论和新技术的人才培养知识体系。

四、打造共享平台,把建设特色基地作为新农科实践教育改革的重要抓手

教育部高教司吴岩司长在新农科建设北大仓行动工作研讨会上作的报告《学好回信加快新农科建设——新农科建设北大仓行动》提出,实施实践基地建设行动,建设区域性共建共享实践教学基地,把农业的实践教育基地建设当成一个推进新农科教育的战略支撑点来做。

高等农业院校在天然的林场中能够有效地实施"林中育人"。林场不仅在林科教育中能够发挥重要作用,而且在非林专业的生态文明教育中也能够发挥关键性作用。高等农业院校在林科建设中,正在谋划建设高水平的开放式人才培养基地,以落实教育部实施的"高地建设计划"。学校要充分利用林场的优势和功能,打造实践教学共享平台。

一是建立共享机制。全国各高等农业院校间应该进行深入的合作,建设共享实习基地,为全国农业专业的野外实习以及生态文明教育提供有力支撑,实现林场优质自然资源和教育资源的共享。

二是强化基地建设。高校应积极推动林场实现实践教学信息化和标准化,打造卓越农业人才培养的"精品实践",将林场这块"高地""宝地"建设成为开放式人才培养实践教学基地、现代林业科研试验基地、生态文明教育基地、康养旅游模式基地、现代林业高质量经营示范基地。

五、营造文化氛围,始终把质量意识作为新农科文化建设的核心工作

质量是生命,教育质量是高校赖以生存和发展的根基。当前,国家开展的"双一流"建设,其核心就是培养一流的创新人才。因此,在新农科建设中,高等农业院校要树立一流意识、建设一流标准、形成追求卓越的质量文化,把新农科人才培养作为中心工作巩固筑牢。

一是形成尊师重教的校园文化。通过建立本科教学荣誉体系,引导教师热爱教学、潜心教书育人。

二是形成价值追求与学风同向同步的学习文化。通过改革和完善人才培养机制,使学生从"要我学"转变为"我要学",从而形成人才培养的内驱动力,增强学生学习的主动性,激励学生刻苦读书。

三是形成科教融合的质量文化。通过将科研成果转化为教学内容和案例,让科研过程成为创新人才培养的真实检验。

　　四是形成资源配置向人才培养倾斜的保障文化。通过增加教育投入,下大力气不断改善办学条件,为高质量人才培养提供保障。

　　五是形成为人才培养护航的服务文化。通过在教职工中树立担当作为的工作作风,全方位提高全员的服务质量。

　　教育改革要切实解决"教"与"学"的关系,要理念先行、思想先行,要步调一致、狠抓落实。《安吉共识——中国新农科建设宣言》提出新农科建设肩负着主动服务好脱贫攻坚、乡村振兴、生态文明和美丽中国建设等"四大使命",吹响了新农科建设的"集结号"。新农科建设北大仓行动工作研讨会推出的新农科建设八大落实新措施,开启了新农科建设"实验田"建设。即将发布的新农科建设项目指南,将通过设立新农科的研究与实践项目,全面开展新农科建设的"大田耕作"。因此,高等农业院校应把学习贯彻习近平总书记重要回信精神作为新农科建设的重大契机,把《安吉共识》、"北大仓行动"和即将出台的"北京指南"作为推进新农科教育改革的总遵循,面向新农业、新乡村、新农民、新生态,落实立德树人根本任务,结合学校实际,加强改革顶层设计,深化教育创新,努力培养更多知农爱农的新型人才。

参考文献

[1]侯琳,肖湘平,江珩.新农科背景下传统农学专业人才培养面临的问题及对策——基于8校人才培养方案的文本分析[J].西南师范大学学报(自然科学版),2021,46(10):165-172.

[2]冯启高,李小丽.学科融合视域下新农科专业课程体系建设路径研究[J].河南科技学院学报,2021,41(10):52-57.

[3]曹丽,梁运江,李艳茹,冉丽萍,吴荣哲,朴一龙.基于新农科建设理念的地方高校农科人才培养模式创新实践与思考[J].安徽农学通报,2021,27(17):193-195.

[4]梁秋艳,马晓君,牛国玲,孟庆祥."新农科"视域下农业电气化专业课程思政教学模式的探索与实践——以"自动控制原理课程"为例[J].经济师,2022.01

[5]冯江,沈成君,尚微微.新农科视域下多维协同的通专融合人才培养模式:建构实践 思考[J].现代教育科学,2021(05):1-5,19.

[6]孙珲,冯永忠.新农科国际化人才的内涵及其培养途径[J].黑龙江教育(高教研究与评估),2021(08):29-31.

[7]邹安妮,李宇飞,胡军.涉农高校专业建设的思考与探索[J].南方农机,2021,52(12):162-163.

[8]冉琰,赵科理,姜培坤.新农科"三维四提"创新型人才培养模式探索[J].教育评论,2021(06):108-112.

[9]杨顺强,吴银梅,程立君,冉秋月,陈悦.地方院校新农科应用型本科人才培养探索与实践[J].教育教学论坛,2021(25):108-111.

[10]胡燕红,石玉强.新时期地方高等农业教育新农科建设路径探索——以仲恺农业工程学院为例[J].教育教学论坛,2020(45):284-286.

[11]应义斌,泮进明,徐惠荣,林涛,韩鲁佳,康绍忠.关于中国农业工程类专业建设和人才培养的若干思考[J].农业工程学报,2021,37(10):284-292.

[12]陈辉,郑书河."一体两翼"农业工程专业人才培养体系研究与实践[J].中

国农机化学报,2019,40(10):226-231.

[13]梁秋艳,马晓君,陈思羽,初旭宏,魏天路,姜永成.工程应用型人才培养模式下《电力拖动基础》课程改革与实践[J].科技创业月刊,2018,31(03):101-103.

[14]廖庆喜,张拥军,廖宜涛,黄小毛.基于学科交叉融合的农业工程类一流专业建设探索与实践[J].高等工程教育研究,2019(05):11-15.

[15]隋斌,张庆东,张正尧.论乡村振兴战略背景下农业工程科技创新[J].农业工程学报,2019,35(04):1-10.

[16]梁秋艳,姜永成,曲爱玲.TRIZ理论在大学生创新创业训练项目中的应用与实践[J].高教论坛,2016(08):122-124.

[17]余佳佳,刘木华,陈雄飞,黎静,饶洪辉.“双一流”战略下地方高校农业工程学科的发展思考[J].教育现代化,2018,5(41):61-63.

[18]李岩,冯放,王敏,李文哲,陈海涛.农业院校农业工程学科研究生课程体系建设的思考[J].高教学刊,2016(21):200-201.

[19]傅隆生,黄玉祥,李瑞.农业工程类学科专业建设探讨[J].教育教学论坛,2014(11):220-221.

[20]农业部规划设计研究院农业工程科技信息中心[J].农业工程技术(新能源产业),2014(03):2.

[21]梁秋艳,魏天路,姜永成,陈思羽,牛国玲.大学生创新创业教育模式下的新能源发电人才培养[J].经济师,2016(05):177-179.

[22]庞涛,陈晓燕.“双一流”建设背景下农业工程类专业教学改革与探索——评《中外高等农业教育的实践经验与改革趋向》[J].中国教育学刊,2021(08):131.

[23]梁秋艳,魏天路,姜永成,牛国玲.新能源背景下农业电气化与自动化专业结构调整[J].经济师,2016(06):184-185.

[24]姚明印,黎静,饶忠平,陈雄飞,饶洪辉.高校—企业—政府“三驾齐驱”提升农业工程学科“产学研”人才培养实践创新能力研究——以江西农业大学为例[J].科教文汇(中旬刊),2021(07):2-4.

[25]谭静,赵智勇,牛坤旺.高等农业工程教育人才培养质量及保障研究——评《卓越农业人才培养机制创新》[J].灌溉排水学报,2021,40(07):151.

[26]张志萍,李亚猛,李攀攀,李刚,张全国.新工科背景下农林院校农业工程学科“四全课堂”初体验[J].科技视界,2021(19):43-45.

[27] 王艳红.汪懋华院士:献身农业工程引领学科发展,竭力推进农业农村现代化进程[J].农业工程,2021,11(05):2-6.

[28] 荆艳艳,张志萍,路朝阳,赵淑蘅,蒋丹萍.新农科背景下农业工程学科教学改革方向与措施[J].科技视界,2021(14):62-63.

[29] 张欣悦,李文涛,陈明月.农业高校工科类专业课程实施"课程思政"理念融入教学改革的探讨[J].农机使用与维修,2020(04):86-87.

[30] 崔艳雨,武志玮,陈媛媛,石博,王哲.工科专业实践环节融入"课程思政"教育的思考[J].中国校外教育,2020(09):38-39.

[31] 李松,陈丽梅,刘春慧,王琪,董良杰,李锦生.地方高校农业工程类实验教学中心建设探究[J].农业网络信息,2016(11):112-114.

[32] 谭静,赵智勇,牛坤旺.高等农业工程教育人才培养质量及保障研究——评《卓越农业人才培养机制创新》[J].灌溉排水学报,2021,40(07):151.

[33] 官万武,雷进,杨健.基于《悉尼协议》范式的农业工匠培养研究与实践——以成都农业科技职业学院为例[J].现代农机,2021(02):38-40.

[34] 梁秋艳,周海波,王桂莲.电气类专业课程"问题解决"教学模式的实践探索[J].中国电力教育,2014(18):42-43.

[35] 曹成茂,孙福,秦宽.坚持"以本为本"提高农业工程类本科专业人才培养质量[J].教育教学论坛,2020(31):128-130.

[36] 李雪莲,赵桂龙,高泽斌,郭俊先,韩长杰,张绢.地方农业院校机械类专业、农业工程类专业应用型人才培养模式综合性改革初探——以新疆农业大学为例[J].高等农业教育,2020(02):8-11.

[37] 张永成,李平,唐玉荣,范修文.农业工程类专业本科应用型人才培养研究[J].黑龙江科学,2020,11(03):68-69.

[38] 迟佳,梁秋艳,葛宜元,马晓君,王俊发.地方高校农业电气类专业"双创"教育"模块化"教学体系研究[J].经济师,2022.05

[39] 侯加林,李天华,傅臣家,王震,张军.农业工程类本科专业应用型人才培养的研究与实践[J].高等农业教育,2012(04):41-44.

[40] 梁秋艳,潘小莉,仇志锋,周海波.基于BP神经网络的智能定量供种系统设计[J].安徽农业科学,2019,47(02):197-201.

[41] 王振锋,徐广印,张全国.农业工程学科人才培养研究与实践[J].华北水利水电大学学报(社会科学版),2017,33(03):119-121.

[42] 梁秋艳,仇志锋,杨传华,周海波.双级振动式精密排种器虚拟样机设计与试

验分析[J].佳木斯大学学报(自然科学版),2019,37(02):243-246.

[43]梁秋艳,周海波,马晓君,朱世伟,李洪波.超级稻精密播种点位控制技术研究[J].农机化研究,2016,38(11):91-94.

[44]张伏,王甲甲,张亚坤.农业工程研究生创新创业型人才培养模式[J].农业工程,2019,9(10):111-113.

[45]张科星,贾如,高璇.中国农业工程人才的培养[J].农业工程,2020,10(04):92-95.

[46]梁秋艳,张艳丽,马晓君,陈思羽.三电平静止同步补偿装置的设计[J].中国科技信息,2016(08):111-113.

[47]曹成茂,孙福,秦宽,孙燕,吴敏.以实践能力为抓手多元协同培养农业工程类双创人才[J].农业工程,2020,10(04):88-91.

[48]梁秋艳,葛宜元,曲爱玲,马晓君,朱世伟.基于PLC的农村小型水电站闸门监控系统设计与实现[J].安徽农业科学,2016,44(21):217-219.

[49]陈殿元,赵悦,田瑞雪.新农科背景下"两平台、四路径、四共同"应用型人才培养的实践探索——以吉林农业科技学院为例[J].现代教育学,2021(05):27-32.

[50]梁秋艳,周海波,潘锲,孙红旗,李洪波,刘冠乔.LabVIEW图像处理技术在超级稻精密播种中的应用研究[J].安徽农业科学,2015,43(23):338-339+341.

[51]梁秋艳,姜永成,董航,贺鞠帅,付兵,林志业.智能半导体温差发电装置设计与实验[J].佳木斯大学学报(自然科学版),2016,34(05):781-783+830.

[52]才燕,郑瑶,尚微微.基于新农科背景下的地方高校个性化人才培养模式研究[J].现代农业研究,2021,27(09):52-53.

[53]杨贤均,邓云叶,黎颖惠,何丽霞,邢肖毅,李晓红,王业社,张亚丽,卿如冰.基于新农科背景下园林专业"教、研、赛、创"四位一体化人才培养模式与实践[J].安徽农学通报,2021,27(16):185-187.

[54]贺超,刘亮,张志萍,李刚."双一流"建设背景下农业工程类专业教学改革与实践[J].科技视界,2020(27):24-25.

[55]王振华,赵虹."双一流"建设背景下研究生校-院-学科三级管理模式的实践——以石河子大学农业工程学科为例[J].西部素质教育,2019,5(23):4-6.

[56]马渼,姬江涛,朱旭,金鑫,赵凯旋.新工科背景下大数据推动农业工程学科

发展的模式探索[J].创新创业理论研究与实践,2018,1(23):85-86.

[57]王敏,李岩,张影微.高水平农业大学农业工程研究生课程体系创新[J].学理论,2018(03):208-209.

[58]张晓辉,谢胜利.抓学科建设促进本科教育水平提高[J].大学教育,2015(01):89-90.

[59]张桃英.加快发展农业工程学科 有力推动现代农业建设[N].中国农机化导报,2009-01-19(004).

[60]傅泽田,张海瑜,张鹏,马云飞.乡村振兴与农业工程学科创新[J].农业工程学报,2021(10):299-306.

[61]梁秋艳,牛国玲,任典典,石辉辉,孙文龙,曹金阳.基于TRIZ理论的智能盲人拐杖创新设计[J].机电产品开发与创新,2014,27(03):29-30,28.

[62]项璐,眭依凡.培养目标:人才培养模式改革的价值引领:基于斯坦福大学"开环大学"计划的启示[J].2018(4):103-111.

[63]杜占元.面向2030的教育改革与发展[J].教育研究,2016(11):4-7.

[64]中华人民共和国教育部高等教育司.安吉共识:中国新农科建设宣[EB/OL].2019-07-02.http://www.moe.gov.cn/s78/A08/moe_745/201907/t20190702_388628.html.

[65]中华人民共和国教育部高等教育司.新农科建设八大行动举措[EB/OL].2019-10-31.http://www.moe.gov.cn/jyb_xwfb/xw_fbh/moe_2606/2019/tqh20191031/sfcl/201910/t20191031_406255.html.

[66]中华人民共和国教育部高等教育司."北京指南"发布新农科建设从"试验田"走向"大田耕作"[EB/OL].2019-12-05.http://www.moe.gov.cn/s78/A08/moe_745/201912/t20191219_412637.html.

[67]国务院学位委员会和教育部.国务院学位委员会、教育部关于对工程专业学位类别进行调整的通知[学位(2018)7号][EB/OL].2018-03-20.http://www.moe.gov.cn/srcsite/A22/yjss_xwgl/moe_818/201803/t20180326_331244.html.

[68]Alex K. The top majors for the class of 2022[EB/OL].[2012-05-09].https://www.forbes.com/sites/alexknapp/2012/05/09/the-top-majors-for-the-class-of-2022/.

[69]Kaleita A L, Raman D R. A rose by any other name: ananalysis of agricultural and biological engineering undergraduate curricula[J]. Transactions of the ASABE, 2002,55(6): 2371-2378.

[70] Cui J L, Zhang Y Y, Vijayakumar V, et al. Secondary metabolite accumulation associates with ecological succession of endophytic fungi in Cynomorium songaricum Rupr. [J]. J Agric Food Chem, 2018, 66(22): 5499-5509.

[71] Zhang H, Li W, Miao P, et al. Risk grade assessment of sudden water pollution based on analytic hierarchy process and fuzzy comprehensive evaluation[J]. Environ Sci Pollut Res Int, 2020, 27(1): 469-481.

[72] Zhao H R, Zhao H R, Guo S. Evaluating the comprehensive benefit of eco-industrial parks by employing multicriteria decision making approach for circular economy[J]. J Clean Prod, 2017, 142(4): 2262-2276.

[73] Kaya H, Olak M, Terzi F. A comprehensive review of fuzzy multi criteria decision making methodologies for energy policy making[J]. Energy Strategy Reviews, 2019, 24: 207-228.

[74] R. Natarajan. Re-Engineering Engineering Education for the Twenty-first Century [C]//International Engineering Education: Proceedings of the INAE-CAETS-IITM Conference. India. 2007: 29-37.

[75] Jiang Xiaokun, Zhu Hong, Li Zhiyi. The Challenges and Opportunities of Linovation and Entrepreneurship Education Underthe Background of Emerging Engineering Education[C]//2017 2nd International Conference on Education & Educational Research and Environmental Studies. Hokkaido, Japan, 2017: 64 -68.

[76] Liang Qiuyan, Wang Lishu, Yang Chuanhua, et al. Design of a concentration solar thermoelectric device with MPPT, International Agricultural Engineering Journal, 2016, 25(3): 165-174.